各种养殖模式

虾稻连作

虾稻共作

池塘养殖

虾蟹混养池

虾蟹混养方形水草带

池塘虾蟹混养三角形水草带

各种养殖模式

莲虾共作

亲虾上池培育

湖泊养殖水草带

林地养殖

水泥池人工繁殖生态棚

庭院养殖生态棚

各种繁育方式

土池繁育

稻田孵化

温棚孵化

水泥池人工孵化

温室孵化车间

工厂化孵化

稚虾的发育过程

高效养小龙虾

主　编　陶忠虎　邹叶茂

参　编　周　浠　张崇秀

机械工业出版社

本书从小龙虾的养殖价值和生物学特性入手，重点介绍了小龙虾的人工繁殖、幼虾培育、成虾养殖以及病害防治等内容，通过剖析小龙虾生态高效养殖实例，全面展示了稻田养殖、池塘养殖、湖泊养殖和莲藕池养殖等多种小龙虾的养殖模式。内容主要来自作者第一手资料，与生产实践结合紧密，反映了当前我国小龙虾养殖的最新成果，力求使读者一看就懂，一学就会，真正发挥科技引领和指导作用。

本书可供广大小龙虾养殖户、技术人员学习使用，也可作为新型农民创业和行业技能培训教材，还可供水产相关专业师生及水产动物爱好者阅读参考。

图书在版编目（CIP）数据

高效养小龙虾/陶忠虎，邹叶茂主编．—北京：机械工业出版社，2014.2（2019.4重印）

（高效养殖致富直通车）

ISBN 978-7-111-45742-8

Ⅰ.①高…　Ⅱ.①陶…②邹…　Ⅲ.①龙虾科—淡水养殖　Ⅳ.①S966.12

中国版本图书馆CIP数据核字（2014）第024023号

机械工业出版社（北京市百万庄大街22号　邮政编码100037）

总 策 划：李俊玲　张敬柱　　策划编辑：郎　峰　高　伟

责任编辑：郎　峰　高　伟　周晓伟　　版式设计：常天培

责任校对：张　力　　责任印制：张　博

三河市国英印务有限公司印刷

2019年4月第1版第13次印刷

140mm×203mm·6印张·2插页·159千字

标准书号：ISBN 978-7-111-45742-8

定价：25.00元

凡购本书，如有缺页、倒页、脱页，由本社发行部调换

电话服务

服务咨询热线：010-88361066

读者购书热线：010-68326294

010-88379203

网络服务

机 工 官 网：www.cmpbook.com

机 工 官 博：weibo.com/cmp1952

金 书 网：www.golden-book.com

教育服务网：www.cmpedu.com

高效养殖致富直通车
编审委员会

序　一

改革开放以来，我国养殖业发展非常迅速，肉、蛋、奶、鱼等产品产量稳步增加，在提高人民生活水平方面发挥着越来越重要的作用。同时，从事各种养殖业也已成为农民脱贫致富的重要途径。近年来，我国经济的快速发展为养殖业提出了新要求，以市场为导向，从传统的养殖生产经营模式向现代高科技生产经营模式转变，安全、健康、优质、高效和环保已成为养殖业发展的既定方向。

针对我国养殖业发展的迫切需要，机械工业出版社坚持高起点、高质量、高标准的原则，组织全国20多家科研院所的理论水平高、实践经验丰富的专家学者、科研人员及一线技术人员编写了这套“高效养殖致富直通车”丛书，范围涵盖了畜牧、水产及特种经济动物的养殖技术和疾病防治技术等。

丛书应用了大量生产现场图片，形象直观，语言精练、简洁，深入浅出，重点突出，篇幅适中，并面向产业发展需求，密切联系生产实际，吸纳了最新科研成果，使读者能科学、快速地解决养殖过程中遇到的各种难题。丛书表现形式新颖，大部分图书采用双色印刷，设有“提示”“注意”等小栏目，配有一些成功养殖的典型案例，突出实用性、可操作性和指导性。

丛书针对性强，性价比高，易学易用，是广大养殖户和相关技术人员、管理人员不可多得的好参谋、好帮手。

祝大家学用相长，读书愉快！

赵中权

中国农业大学动物科技学院

2014年1月

序 二

《高效养小龙虾》一书结合小龙虾的生物学要求，从亲本选育、人工繁殖、育苗、养成、运输、病害防治等方面建立起一整套的高产、优质、高效的先进技术体系，其所阐述的技术在生产上行之有效，是农民致富奔小康的好帮手。

作者长期工作在生产第一线，具有扎实的基础理论和丰富的实践经验。他们总结了潜江市10多年来稻田饲养小龙虾的经验，并在试验中加以理论提高，对不同的水体、不同的种植和养殖对象，建立了“虾稻连作”、“虾稻共作”、“虾鱼共生”的技术体系，并应用于当地的生产实践，取得了显著的社会效益、经济效益和生态效益，促进了潜江市、湖北省乃至全国小龙虾产业的健康发展。

特别是该书构建的“虾稻共作”、“虾稻共生”复合生态系统，是在长江流域建立的稻田种养新技术，该项技术将种植业与水产养殖密切结合，从根本上解决了在稻田单一种植水稻的传统习惯，稳定了农民种粮积极性。其推广面积之大，影响之广，国内罕见。实践证明，采用该项技术后，不仅稳定了稻谷的产量，而且经济效益明显提高；不仅不用化肥，减少了农药的用量，而且产品的品质明显提高；不仅促进种植业的适度规模经营，而且构建出以小龙虾为特色产品的“科、种、养、加、销、游”一体化的产业链，成为现代农业的组成部分。做到“水稻+水产=粮食安全+食品安全+生态安全+农民增收+企业增效”，即“1+1=5”。因此，深受各地农民的欢迎。被农业主管部门誉为“农村先进生产力的代表”！

该书内容全面，语言朴实，通俗易懂，技术先进、科学，反映了当前我国小龙虾养殖方面的现状和科研进展，具有很强的针对性和可操作性。广大农技人员和农民“一看就懂、一学就会、一用就灵”。

愿这本书成为水产科技工作者重要的参考书，成为基层水产技术人员知识更新的培训教材，成为农村新型农民致富奔小康的好帮手。

王 武

2013年6月15日于上海海洋大学

前　言

小龙虾是外来物种，传到中国不过80年，长期以来被人们当做敌害生物加以消灭，人们真正认识小龙虾的价值不到20年的时间。小龙虾肉味鲜美、营养丰富，深受国内外市场的欢迎。小龙虾全身都是宝，许多加工产品不仅可供食用，而且还广泛地用于医药、环保、食品、保健、农业、饲料及科学研究等领域，具有广阔的产业化前景。

小龙虾养殖的兴起，是最近10来年的事情。由于水产品加工出口和国内小龙虾烹调技术的创新，导致国际、国内对小龙虾的需求急剧增加，由此激起了人们的养殖欲望。虽然，很多人都试图探索小龙虾的养殖方法，但是，都没有取得大的突破。直到2001年，湖北省潜江市积玉口镇农民刘主权，在自家5hm^{2}低湖冷浸田开展稻田养虾并取得较好效益后，才真正引起人们对小龙虾养殖的兴趣。

真正意义上的小龙虾养殖技术第一手资料，是在2005年，笔者与湖北省水产科学研究所的舒新亚老师对潜江市积玉口镇稻田养虾进行了3年的追踪研究，在农民的养殖实践中不断探索、总结而形成的一本小册子——《克氏原螯虾实用养殖技术》。这本小册子一经问世，就受到了前来参观考察的人们的热烈追捧，先后发放20000余册，被广大养殖户誉为“小龙虾养殖的启蒙教材”，对湖北乃至全国的小龙虾养殖业起到了引领和示范的作用。

小龙虾养殖技术书籍的出版问世，是在此后的2006年，舒新亚等在中国农业出版社出版的《淡水小龙虾健康养殖实用技术》，此后小龙虾的各种养殖书籍屡见不鲜。

笔者一直没有出版此类书籍，主要是两个方面的原因：一是自己理论水平不高，怕贻笑大方。二是认为当时小龙虾的养殖才刚刚起步，对小龙虾的诸多养殖模式都仍在探索中，很多有关小龙虾的养殖理论研究都没有展开。比如，小龙虾与稻田的关系、小龙虾的营养学研究、小龙虾各种病害的防治措施、小龙虾的苗种问题等。近10年来，通过农民和技术人员以及水产专家的不断实践，小龙虾的养殖模式有了很大的拓展。小龙虾池塘的各种混养模式，如“虾蟹鳜生态混养”、“鱼虾混养”、“虾莲共作”等养殖技术已日益成熟。笔者及同仁在“虾稻连作”基础上创新的“虾稻共作”及其延展模式如“鳖虾稻”、“虾蟹稻”、“虾鳅稻”等综合种养技术也趋成熟；小龙虾的人工繁殖技术在笔者与舒新亚老师于2005年首次试验成功后，现在也有较大的进展，小龙虾的自然增殖、稻田的半人工繁育、水泥池繁育、温室繁育和车间工厂化繁育等都在进行广泛的探索；小龙虾的营养学研究也有较大的突破，一些厂家已开始生产小龙虾专用饲料；小龙虾的病害研究也取得了长足进展，特别是2008年病毒性疾病的首次且大规模暴发，为小龙虾病毒病的研究提供了素材和机遇。虽然小龙虾相关基础学科和养殖行为的研究还很薄弱，但是相关技术已经能够成为指导小龙虾养殖的理论体系，而且这些养殖理论只有在养殖实践中才能得到深入发展和完善。因此，笔者不惜班门弄斧，将自己十余年的养殖实践结合目前各位专家学者的理论研究成果编撰成书，奉献给大家，以供小龙虾养殖人员参考，规避一些养殖的风险。

需要特别说明的是，本书所用药物及其使用剂量仅供读者参考，不可照搬。在生产实际中，所用药物学名、常用名和实际商品名称有差异，药物浓度也有所不同，建议读者在使用每一种药物之前，参阅厂家提供的产品说明以确认药物用量、用药方法、用药时间及禁忌等。购买兽药时，执业兽医有责任根据经验和对患病动物的了解决定用药量及选择最佳治疗方案。

本书在编写过程中，得到了许多专家、教授的支持和鼓励。中国渔业科技入户示范工程首席专家、上海海洋大学著名教授王武老师给予了极大的鼓励和具体的指导，并不惜浓墨为本书作序；中国水科院长江水产研究所曾令兵博士对小龙虾病害部分作了斧正；湖北生物技术学院唐文雄老师、江苏省生态农业工程技术研究中心张家宏先生提供了大量图片，在此一并致谢。

由于时间仓促，加之编者水平所限，疏漏之处在所难免，恳请各位读者批评指正。

编　者

2013年12月18日于潜江

目 录

第三章 小龙虾的繁殖

第四章 小龙虾的苗种培育

第五章 稻田养殖小龙虾

第六章 池塘养殖小龙虾

第七章　莲（藕）与小龙虾共作

第八章　湖泊、草荡养殖小龙虾

第九章　小龙虾其他养殖方式

第十章 小龙虾的饲料与营养

第十一章 小龙虾的捕捞、运输与品质改良

第十二章 小龙虾的病害防治

附　录

参考文献

第一章 认识小龙虾

第一节　小龙虾的来源与分布

一　名称由来

小龙虾（图1-1），学名克氏原螯虾（*Procambarus clarkii*），英文名称Red Swamp Crayfish（红沼泽螯虾）。在动物分类学上隶属节肢动物门（*Arthropoda*）、甲壳纲（*Crustacea*）、十足目（*Decapoda*）、喇蛄科（*Cambaridae*）、原螯虾属（*Procambarus*）。它在淡水螯虾类中属中小型个体，原产地北美洲，现广泛分布于世界五大洲的40多个国家和地区。

图1-1　小龙虾

【小知识】>>>>

小龙虾属外来物种，在被人们认识之前，被当作农作物的敌害加以清除。随着其经济效益的不断显现，小龙虾已被广泛开发利用，其养殖技术是2010~2012年农业部主推的9大养殖技术之一。

小龙虾是因为它与地海中的大龙虾体形极其相近，所以得此俗称。

二 引入中国及分布

1918年第一次世界大战期间，日本最早从美国引进小龙虾作为食物、宠物和牛蛙的饲料，使其得以大面积的繁衍和扩散。我国的小龙虾是在20世纪30年代从日本引入的，最初在江苏的北部，20世纪50年代初即在南京出现。但其引入的原因说法不一，更多地倾向于当时的日本商人把小龙虾作为宠物随身带入中国。

随着小龙虾的繁衍生息，自然种群繁殖力量的不断增长，以及各种水域中生物的交换和人类频繁的经济活动，其种群迅速扩散开来，现已遍布我国除新疆、西藏之外的30多个省、市、自治区，尤其在长江中下游地区的种群数量最大，广泛分布于江河、湖泊、沟渠、池塘和稻田中。小龙虾已成为我国主要的经济型甲壳类水生动物之一，并成为出口创汇的重要特种水产品。

第二节　小龙虾的开发价值

小龙虾肉味鲜美、营养丰富，深受国内外市场的欢迎。该虾全身都是宝，其加工产品不仅可供食用，而且还被广泛地用于医药、环保、食品、保健、农业、饲料及科学研究等领域，具有广阔的产业化前景。

一 食用价值

小龙虾肉质细嫩，风味独特，蛋白质含量高，脂肪含量低，虾黄具有蟹黄味，尤其钙、磷、铁等含量丰富，是营养价值较高的动物性食品，已成为我国城乡居民餐桌上的美味佳肴。小龙虾还具有一定的食疗价值，在国内外市场上的消费与贸易与日俱增。

小龙虾可食比率为20%～30%，虾肉占体重的15%～18%。从蛋白质成分来看，小龙虾的蛋白质含量高于大多数的淡水和海水鱼虾。100g龙虾肉中，含水分8.2%、蛋白质58.5%、脂肪6.0%、几丁质2.1%、灰分16.8%、矿物质6.6%。其氨基酸组成也优于肉类，不仅含有人体所必需的而体内又不能合成或合成量不足的8种氨基酸，即异亮氨酸、亮氨酸、蛋氨酸、色氨酸、赖氨酸、苯丙氨酸、缬氨酸和苏氨酸，而且还含有脊椎动物体内含量很少的精氨酸。此外，小龙虾还含有幼儿必需的组氨酸。特别是占其体重5%左右的肝脏（俗称虾黄），味道别致、营养丰富，虾黄中含有丰富的不饱和脂肪酸、蛋白质和游离氨基酸。

从脂肪成分来看，小龙虾的脂肪含量比畜禽肉类一般要低20%～30%，大多是不饱和脂肪酸，易被人体消化吸收，还可以使胆固醇酯化，防止胆固醇在体内蓄积。

从微量元素成分来看，小龙虾含有人体所必需的多种矿物质，含量较多的有钙、钠、钾、磷，比较重要的还有铁、硫、铜和硒等微量元素。矿物质总量约为1.6%，其中钙、磷、钠及铁的含量都比一般畜禽肉高，也比对虾高。因此，经常食用小龙虾可保持神经、肌肉的兴奋性。

从维生素成分来看，小龙虾也是脂溶性维生素的重要来源之一，其富含维生素A、C和D，并大大超过陆生动物的含量。

二 药用价值

小龙虾有重要的食疗价值。其肉质中蛋白质的分子量小，含有较多的原肌球蛋白和副肌球蛋白。食用小龙虾具有补肾、壮阳、滋阴、健胃的功能，对提高运动耐力也很有意义。小龙虾壳比其他虾壳更红，这是由于小龙虾壳比其他虾类含有更多的铁、钙和胡萝卜素。小龙虾壳和肉一样对人体健康很有利，可以治疗和预防多种疾病。将虾壳和桅子焙成粉末，可治疗神经痛、风湿、小儿麻痹、癫痫、胃病及一些常见妇科病。用小龙虾壳做原料还可以制造止血药。从小龙虾的虾壳里提取的甲壳素可以进一步分解成壳聚糖，壳聚糖被誉为继蛋白质、脂肪、糖类、维生素、矿物质五大生命要素之后的“第六大生命要素”，可作为治疗糖尿病、高血脂的良方，是21世纪医疗保健品的发展方向之一。另外，小龙虾还可以入药，能化痰止咳，促进手术后的伤口愈合。

三 其他开发价值

小龙虾的虾头和虾壳共含有20%的甲壳质，经过加工处理能制成可溶性的甲壳素、壳聚糖，广泛应用于农业、食品、医药、饲料、化工、烟草、造纸、印染等行业。

甲壳素是自然界中含量仅次于纤维素的有机高分子化合物，也是迄今发现的唯一天然碱性多糖，大量存在于甲壳类动物体内。甲壳素的化学性质不活泼，溶解性差，脱去乙酰基后，可转变为壳聚糖。壳聚糖被广泛应用于农业、医药、日用化工、食品加工等诸多领域。在农业上可以促进种子发育、提高植物抗菌力、作为地膜材料；在医药方面可用于制造降解缝合材料、人造皮肤、止血剂、抗凝血剂、伤口愈合促进剂；在日用化工上可用于制造洗发香波、头发调理剂、固发剂、牙膏添加剂等，具有广阔的发展前景。此外，虾壳还可用来制作生物柴油催化剂，出口到美、欧等发达国家。目前此类产品已经批量进入欧美市场，深受消费者欢迎；更为难得的是，从可持续发展的角度看，从环保的角度分析，由于塑料很难自然降解，已造成全球性“白色污染”，甲壳素作为理想的制膜材料，有望成为塑料的替代品。如果能对废弃的虾头、虾壳进行产业化、规模化的深加工和综合利用，采取有效措施推动小龙虾产业的深度开发，不仅能解除小龙虾加工出口产业的后顾之忧，增强小龙虾仁等产品在国际市场的竞争力，而且其衍生的高附加值产品有近100项，转化增值的直接效益将超过1 000亿元，还可新增10万个就业岗位。

D-氨基酸葡萄糖盐酸盐（简称GAH）是甲壳素的水解产物，能

促进人体黏多糖的合成，提高关节润滑液的黏性，改善关节软骨代谢，促进软骨组织生长。GAH 制备的方法是先从虾壳中提取出甲壳素，再将其在盐酸中水解而得到目的产物。医学上利用 GAH 制成治疗关节类疾病的复方氨基糖片，合成氯脲霉素等多种生化药剂。GAH 也是重要的婴儿食品添加剂，还可以用作化妆品和饲料添加剂。

小龙虾体内所含的虾青素是一种应用广泛的类胡萝卜素，有较强的清除自由基的作用，能抗氧化、提高免疫力、预防癌症。虾青素不仅可使观赏鱼类颜色更加鲜艳，同时能提高水生生物的繁殖率，还可以作为新型化妆品原料。

在小龙虾加工过程中，废弃的虾头和虾壳也是调味品开发的优质资源。虾头内残留的虾黄风味独特，可以加工成虾黄风味料；此外还可以制作仿虾工艺品。

第三节　小龙虾产业的现状与前景

据文献资料记载，小龙虾的养殖和加工已有百年历史。早在 20 世纪初苏联就利用湖泊水体实施小龙虾人工放流，并在 1960 年进行工厂化育苗实验并取得成功。美国是小龙虾养殖最早的国家，美国路易斯安那州养殖的小龙虾世界闻名，所采取的养殖模式主要是“种稻养虾”。即在稻田里插秧，等水稻成熟收割后随即放水淹没秸秆，然后投放小龙虾苗种，被淹的水稻秸秆直接或间接地作为小龙虾的饲料来源。

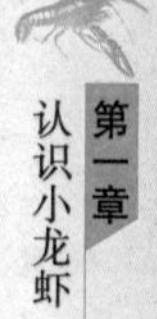

小龙虾已成为我国淡水养殖的生力军。早在 20 世纪 70 年代，长江流域就有少数养殖户开始养小龙虾，但是，由于当时缺乏养殖技术和消费市场，一直没有形成规模化生产。2001 年，湖北省潜江市积玉口农民率先探索出了稻田养虾模式，经过多名水产专家历时 4 年的探索，于 2004 年成功地总结出了“虾稻连作”技术，创造了虾稻综合种养的“虾稻连作”——潜江模式，开创了我国稻田养虾的先河。“虾稻连作”模式既解决了冬季低洼田撂荒的问题，又解决了水产品加工出口企业虾源不足的问题，同时

也为农民开拓了一条发家致富的好途径，是一个一举多赢的好模式。经过近 10 年的推广，现已在长江流域普遍开展（表 1-1），仅湖北省 2011 年就已发展“虾稻连作”面积 300 多万亩（考虑到使用的方便，本书面积单位使用“亩”，1 亩 = 667m^2）。在此基础上，各省又相继开展了“虾稻共作”“池塘养虾”“湖泊养虾”和“河沟养虾”等多种养殖模式的探索，都获得了成功。

表 1-1　2005 ~ 2012 年各省小龙虾产量及分布统计

（摘自中国渔业统计年鉴）

年	产量	湖北	江苏	安徽	江西	浙江	湖南	其他	合计
2005	量/t	23858	31156	16925	11001	2322	529	2458	88249
	比例（%）	27.0	35.3	19.2	12.5	2.6	0.6	2.8	100
2006	量/t	35053	25373	45337	19722	1692	949	2400	130526
	比例（%）	26.9	19.4	34.7	15.1	1.3	0.7	1.9	100
2007	量/t	129923	42968	57617	24757	2854	1065	6259	265443
	比例（%）	48.9	16.2	21.7	9.3	1.1	0.4	2.4	100
2008	量/t	186371	58549	73637	29405	4376	1432	749	354519
	比例（%）	52.6	16.5	20.8	8.3	1.2	0.4	0.2	100
2009	量/t	244579	85595	83921	43498	5017	1508	15256	479374
	比例（%）	51.0	17.9	17.5	9.1	1.0	0.3	3.2	100
2010	量/t	308249	93779	85214	51687	5665	1656	17031	563281
	比例（%）	54.7	16.6	15.1	9.2	1.0	0.3	3.1	100
2011	量/t	231119	86253	88379	55790	5130		19648	486319
	比例（%）	47.5	17.7	18.2	11.5	1.1		4.0	100
2012	量/t	302179	83711	85704	58387	4963	1999	17878	554821
	比例（%）	54.5	15.1	15.4	10.5	0.9	0.4	3.2	100

小龙虾的适应能力强，繁殖速度快，迁移迅速，喜掘洞，对农作物、堤埂及农田水利设施有一定的破坏作用。在我国曾被长期视作敌害生物，至今仍有许多人对此感到忧虑。但小龙虾的掘洞能力、攀援能力以及在陆地上的移动速度都远比中华绒螯蟹弱。所以从总体上来看，小龙虾作为一种水产资源对人类是利多弊少，具有较高的开发价值。作为养殖品种，小龙虾有诸多优势

条件：小龙虾对环境的适应性较强，病害少，能在湖泊、池塘、河沟、稻田等多种水体中生长，对养殖条件要求不高，养殖技术易于普及；小龙虾能直接将植物转换成动物蛋白，且生长速度较快，一般经过3~4个月的养殖，即可达到上市规格；小龙虾通常以摄食水体中的有机碎屑、水生植物和动物尸体为主，无需投喂特殊的饲料，生长快、产量高、效益好。

小龙虾为欧美市场最受欢迎的水产品之一，已成为我国淡水产加工出口创汇的主力军。西欧市场每年的消费量约为6万~8万t，其自给率仅为20%；美国一年的消费量约为4万~6万t；瑞典是小龙虾的狂热消费国，每年举行为期3周的龙虾节，全国上下吃小龙虾，每年进口小龙虾达5万~10万t。小龙虾已成为我国大量出口欧美的重要淡水水产品。1988年我国湖北省首次对外出口，至2011年我国小龙虾的出口量已达到1.5万t，创汇3亿多美元，2005~2011年全国各省小龙虾的出口量及比例统计见表1-2。

表1-2　2005~2011年全国各省小龙虾的出口量及比例统计

（摘自中国海关）

年	产量	湖北	江苏	安徽	江西	浙江	湖南	其他	合计
2005	量/t	5245	8199	2297	493	2755	129	4614	23732
	比例（%）	22.1	34.5	9.7	2.1	11.6	0.5	19.5	100
2006	量/t	7641	8836	1715	626	2653	331	4208	26010
	比例（%）	29.4	34.0	6.6	2.4	10.2	1.3	16.2	100
2007	量/t	8802	7197	1308	887	2325	261	3702	24482
	比例（%）	36.0	29.4	5.3	3.6	9.5	1.1	15.1	100
2008	量/t	12525	5538	1776	728	2142	370	730	23809
	比例（%）	52.6	23.3	7.5	3.1	9.0	1.6	3.0	100
2009	量/t	11009	5375	996	3744	717	406	1044	23291
	比例（%）	47.3	23.1	4.3	16.1	3.1	1.7	4.5	100
2010	量/t	16488	6213	2265	1513	1073	829	2433	30814
	比例（%）	53.5	20.2	7.4	4.9	3.5	2.7	7.9	100
2011	量/t	8686	2457	1841	543	347	299	847	15020
	比例（%）	57.8	16.4	12.3	3.6	2.3	2.0	5.6	100

小龙虾已成为我国大众餐桌上的美味佳肴。随着人们生活水平的提高，居民对水产品的消费需求有了更高的要求，小龙虾作为一种新的大众食品，具有营养价值高、味道鲜美等特点，在市场上十分畅销，是目前市场上水产品销量最多的品种之一，已成为广大城乡居民喜爱的菜肴。以小龙虾为特色菜肴的餐馆、排档遍布全国城镇的大街、小巷，尤其在武汉、南京、上海、北京、常州、无锡、苏州、合肥等大中城市，年均消费量多在万吨以上，其中以麻辣为特色的油焖大虾吃法更是风靡全国，潜江的“油焖大虾”已被列入“中国名菜”。

经过10余年的探索、创新和发展，小龙虾产业发展十分迅猛。以湖北省潜江为代表的许多地方，已形成集科研示范、良种选育、苗种繁殖、健康养殖、加工出口、餐饮服务、冷链物流、精深加工等于一体的小龙虾产业化格局，产业链条十分完整，成为长江流域地方农业经济的支柱产业、特色产业。

由于小龙虾深受国内外市场的欢迎，市场供不应求，价格不断攀升，超过了传统鱼类的市场价格。因而小龙虾产业具有较高的经济效益和广阔的发展前景，是农民发家致富的好产业。

第四节　小龙虾无公害养殖

一　无公害养殖要求

小龙虾无公害养殖是指对整个小龙虾养殖过程实行严格的监管，即实行从小龙虾苗种到消费者餐桌的全程监控，确保养殖生产在良好的生态环境下进行；同时，生产过程中使用的饲料、肥料、药物等产品要符合国家标准的要求，产品不受农药、重金属等有毒有害物质的污染，或控制在安全允许的范围内。

小龙虾无公害养殖是无公害食品生产的一个组成部分，最终目的是保障水产品的质量卫生安全，满足人们健康需要，避免生产过程对环境造成污染和破坏，禁止以牺牲环境为代价换取经济效益，做到当前利益和长远利益协调统一，把社会效益、经济效

益、生态效益放在同等重要的位置，实现可持续发展。

无公害水产品是指经省级及省级以上农业行政主管部门认证合格的，并允许使用无公害水产品标志的产品。其认证的主要内容是，产品是否被污染，农药和重金属是否超过国家规定的标准，是否符合农业部《无公害食品 水产品中有毒有害物质限量》（NY 5073—2006）标准。无公害产地由省一级农业主管部门认定，无公害产品则由国家农业主管部门认定。与无公害产品相关联的是绿色食品和有机食品，3 种食品的认定机构各不相同，绿色食品的认证机构是中国绿色食品发展中心；而有机食品是一个外来词，又称有机农业产品，是指来自于有机农业生产体系的食品，有机农业是指在生产过程中不使用人工合成的肥料、农药、生长调节剂和饲料添加剂的可持续发展的农业，它强调加强自然生命的良性循环和生物多样性。有机食品认证机构是国家有机食品发展中心，通过它认证食品的生产、加工、储存、运输和销售点等环节均符合有机食品的标准，无公害食品、绿色食品和有机食品都属于农产品质量安全范畴，都是农产品质量安全认证体系的组成部分。无公害食品保证人们对食品质量安全最基本的需要，是最基本的市场准入条件；绿色食品达到了发达国家的先进标准，满足人们对食品质量安全更高的需求；有机食品则又是一个更高的层次。

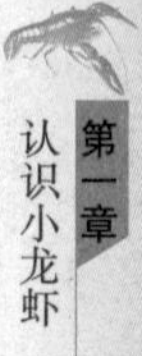

二 养殖环境条件

小龙虾广泛分布于各类水体，尤以静水沟渠、浅水湖泊和池塘中较多，说明该虾对水体的富营养化及低氧有较强的适应性。一般水体溶氧量保持在 3mg/L 以上，即可满足其生长所需。当水体溶氧不足时，该虾常攀援到水体表层呼吸或借助于水体中的杂草、树枝、石块等物，将身体偏转使一侧鳃腔在水体表面呼吸，甚至爬上陆地借助空气中的氧气呼吸。在阴暗、潮湿的环境条件下，该虾离开水体能成活 1 周以上。

【误区】 由于人们常常在水质较差的水沟中发现小龙虾，有很多养殖户认为“小龙虾是在臭水沟生活的种类，对水条件要求不高，水越肥（脏）越好”，因此不注意水质的改善。

小龙虾对高水温或低水温都有较强的适应性，这与它的分布地域跨越热带、亚热带和温带是一致的。小龙虾对重金属和某些农药如敌百虫、菊酯类杀虫剂非常敏感，因此养殖水体应符合国家颁布的渔业水质标准和无公害食品淡水水质标准。如果用地下水养殖小龙虾，必须事前对地下水进行检测，以免重金属含量过高，影响小龙虾的生长发育。

水体是小龙虾赖以生存的条件，小龙虾的生长发育和繁殖与周围环境关系极为密切，它既受周围环境的制约，同时又影响周围的环境。具体环境要素分述如下：

1. 水温

小龙虾是广温性水生动物，其水温适应范围为0～37℃，生长适宜水温为18～31℃，最适生长水温为22～30℃，受精卵孵化和幼体发育水温在24～28 ℃ 为好。当水温下降至10℃以下时，小龙虾即停止摄食，钻入洞穴中越冬。夏天水温超过35℃时，小龙虾摄食量下降，在自然环境中会钻入洞底低温处蛰伏。长时间高温会导致其死亡，故要采取遮阴降温措施。

2. 溶氧

氧气是各种动物赖以生存的必要条件之一，水生生物的呼吸作用主要靠水中的溶解氧气。在养殖水体中，溶氧的主要来源是水中浮游植物的光合作用，约占90%左右。在虾池中保持浮游植物有一定的肥度，对提高水体中的溶氧有较大的作用。小龙虾头胸甲中的鳃很发达，只要保持湿润就可以进行呼吸，有很强的利用空气中氧气的能力，养殖水体中短时间缺氧，一般不会导致小龙虾死亡。因此，小龙虾的生存对水中溶氧量的要求没有其他鱼类高，但生长要求却较高，水体溶氧量要保持在3mg/L以上，小龙虾才可以正常生长。

3. 有机物质

在养殖水体中，有机物质的作用也是不可忽视的。其主要来源有光合作用产物、浮游植物的细胞外产物、水生动物的代谢产物、生物残骸和微生物。水中有机物的存在对小龙虾有积极作用，因为它可作为小龙虾的饲料生物。但数量过多则会破坏水质，影响小龙虾的生长。适宜的有机物耗氧量是20～40mg/L；如果超过50mg/L，对小龙虾就有害无益了，此时，应更换新水，改善水质。

4. 有害物质控制

养殖水体中有毒物质的来源有两类：一类是由外界污染引起的，另一类是由水体内部物质循环失调生成并累积的毒物，如硫化氢和氨、亚硝酸盐等含氮物质。池塘中氮的主要来源是人工投喂的饲料。小龙虾摄食饲料消化后的排泄物，可作为氮肥促进浮游植物的生长，并由此带来水中溶氧的增加。适量的铵态氮是有益的营养盐类，但过多则阻碍小龙虾的生命活动，它具有抑制小龙虾自身生长的作用。特别是有机物质大量存在时，异养细菌分解产生的氨和亚硝化细菌作用产生的亚硝酸盐都有可能引起小龙虾中毒。

池塘中氮的存在形式有：氮气（N_2）、游离氨（NH_3）、离子铵（NH^{4+}）、亚硝酸盐（NO_2^-）、硝酸盐（NO_3^-）、有机氮。引起小龙虾中毒的含氮物质有两种形式：游离氨（NH_3）和亚硝酸盐（NO_2^-）。

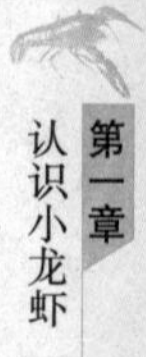

游离氨来自小龙虾的排泄物和细菌的分解作用。水体中的游离氨和离子氨建立平衡关系（$NH_3 + H^+ \rightarrow NH_4^+$），平衡状态取决于当时水体的温度、pH 及无机盐含量。水中游离氨增加时，直接抑制虾体新陈代谢所产生氨的排出，从而引起氨毒害。水体温度、pH 升高时，具有毒性的游离氨含量增加，特别是晴天下午 pH 因光合作用升高到 9.0 以上时，总氨氮含量达到 0.2～0.5mg/L就可使小龙虾产生应激反应，达 1.0～1.5mg/L 就会致死。

水域中低浓度的亚硝酸盐就能使小龙虾中毒，亚硝酸盐能促使血液中的血红蛋白转化为高铁血红蛋白，高铁血红蛋白不能与氧结合，造成血液输送氧气的能力下降，即使含氧丰富的水体，小龙虾仍表现出缺氧的应激症状。处于应激状态的小龙虾，易交叉感染细菌性疾病，不久便会出现大批死亡。

硫化氢是水体中厌氧分解的产物，对水生生物有极高的毒性，危害甚大，有明显的刺激性臭味，一经发现养虾水体水质败坏，应立即换水以增加氧气，全池泼洒水质解毒保护剂以降解其毒性。

5. 土壤与底泥

用来建造虾池的土壤以壤土或黏土为好，不易渗水，可保水节能，还有利于小龙虾挖洞穴居，避免使用沙土。

小龙虾营底栖生活，淤泥过多或过少都会影响其生长。淤泥过多，有机物大量耗氧，使底层水长时间缺氧，容易导致病害发生；淤泥过少，则起不到供肥、保肥、提供饲料和改善水质的作用。一般说来，池底淤泥厚度保持在15～20cm，有利于小龙虾的健康生长。

第五节　小龙虾养殖经济效益分析

小龙虾是一种小型淡水经济类甲壳动物。养殖小龙虾是一种投资少、风险小、效益高的生产方式。湖北潜江农民每年大规模利用空闲稻田养殖小龙虾，采用水稻、小龙虾轮作技术，秋季平均每亩稻田中放养20～25kg小龙虾亲虾，投喂一些水草、麦麸、小麦等，第二年春季可收获100～200kg商品小龙虾，而且养过小龙虾的稻田来年谷物产量更高。由此可见，小龙虾养殖具有明显的经济效益。

小龙虾的养殖方式很多，但主要的不外乎稻田、池塘和湖泊3种，从目前的养殖技术水平看，稻田养殖效益最好。池塘养殖小龙虾的成本比稻田养殖要高出1～2倍，如果不与其他品种混

养，则养殖效益有可能还不如稻田养殖。而稻田养殖又以“虾稻共作”的效益最佳。湖泊养殖主要是人放天养，不同的水域环境和养殖条件则效益迥异。小龙虾3种养殖模式效益分析见表1-3。

表1-3　小龙虾3种养殖模式效益分析

（以潜江2012年的50亩投放种虾为标准计算为例）

养殖模式	亩平均支出									亩平均收入			亩平均纯利/元
	田（塘）租/元	建设折旧（5年）/元	种苗/元	饲料/元	肥料/元	网具折旧/元	水电/元	人工/元	合计/元	数量/kg	单价/元	收入/元	
虾稻连作	600	60	280	40	30	20	10	240	1280	100	24	2400	1120
虾稻共作	600	120	320	240	30	20	20	480	1830	200	30	6000	4170
池塘养虾	600	600	320	480	60	20	40	480	2600	250	30	7500	4900

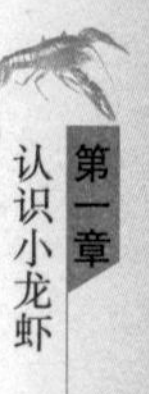

第二章 小龙虾的生物学特性

第一节　小龙虾的形态特征

一　外部形态

小龙虾体长是指从小龙虾眼柄基部到尾节末端的伸直长度（cm），全长是指从额角顶端到尾肢末端的伸直长度（cm）。人们习惯认为，小龙虾苗种规格一般指的是全长，而商品虾规格指的是体长。

小龙虾由头胸部和腹部共 21 个体节组成，共有 19 对附肢，体表具有坚硬的甲壳，小龙虾外部形态如图 2-1 所示。其头部有 5 节，胸部有 8 节，头部和胸部合成一个整体，称为头胸部。头胸部呈圆筒形，前端有一额剑，呈三角形；额剑表面光滑扁平，中部凹陷呈槽状，前端尖锐具有攻击性；头胸甲中部有一弧形颈沟，两侧有粗糙颗粒。腹部共有 7 节，其后端有一扁平的尾节，与第六腹节的附肢共同组成尾扇。胸足共有 5 对，第一对呈螯状，粗大；第二、第三对呈钳状，后两对呈爪状。腹足共有 6 对，雌性第一对腹足退化，雄性前两对腹足演变成钙质交接器；各对附肢具有各自的功能。小龙虾性成熟个体呈暗红色或深红色，未成熟个体为淡褐色、黄褐色、红褐色不等，有时还可见蓝色。常见小龙虾个体为全长4.0 ~12.0 cm。据资料显示，目前世界上采集到的最大个体为全长 16.1cm，产于我国湖北省潜江市。

我国采集到的最大个体雄性全长 15. 2cm，重 115. 3g；雌性全长 16. 1cm，重 133g。

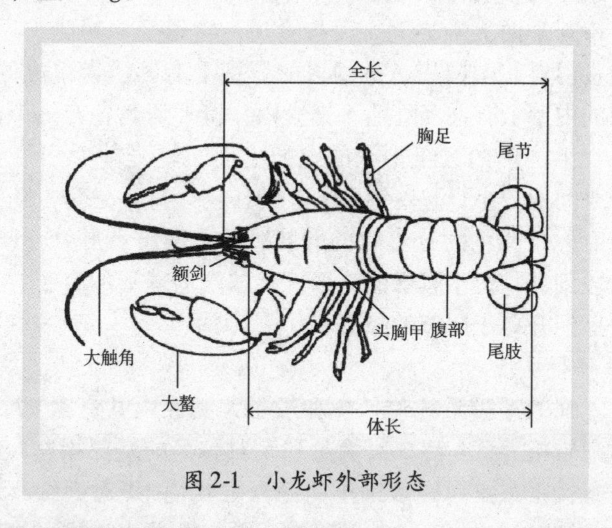

图 2-1　小龙虾外部形态

二 内部结构

小龙虾属节肢动物门，体内无脊椎，分为消化系统、呼吸系统、循环系统、排泄系统、神经系统、生殖系统、肌肉运动系统、内分泌系统共 8 大部分，具体结构如图 2-2 所示。

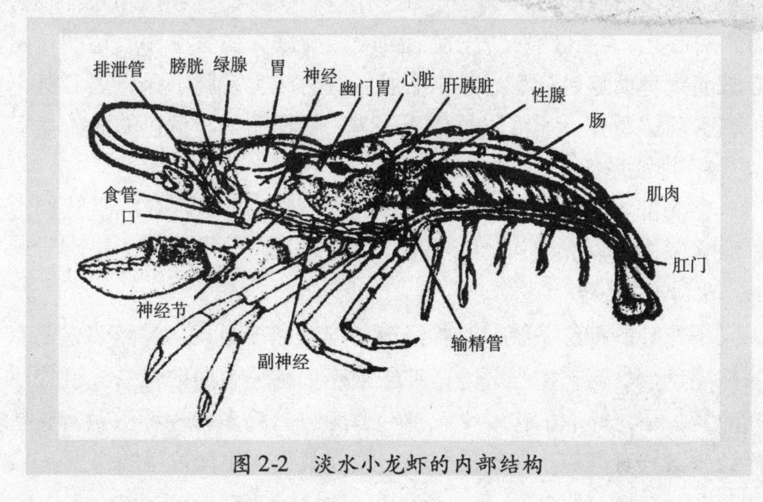

图 2-2　淡水小龙虾的内部结构

1. 消化系统

小龙虾的消化系统包括口、食道、胃、肠、肝胰脏、直肠、肛门。口开于两大颚之间，后接食道。食道为一短管，后接胃。胃分为贲门胃和幽门胃，贲门胃的胃壁上有钙质齿组成的胃磨，幽门胃的内壁上有许多刚毛。胃囊内，胃外两侧各有一个白色或淡黄色、半圆形的、纽扣状的钙质磨石，蜕壳前期和蜕壳期较大，蜕壳间期较小，起着钙质调节的作用。胃后是肠，肠的前段两侧各有一个黄色的分支状的肝胰脏，肝胰脏有肝管与肠相通。肠的后段细长，位于腹部的背面，其末端为球形的直肠，与肛门相通，肛门开口于尾节的腹面。

2. 呼吸系统

小龙虾的呼吸系统包括鳃和颚足，鳃腔内共有鳃 17 对。其中 7 对鳃较粗大，与后 2 对颚足和 5 对胸足的基部相连，鳃为三棱形，每棱密布排列许多细小的鳃丝。其他 10 对鳃细小，为薄片状，与鳃壁相连。小龙虾呼吸时，颚足激动水流进入鳃腔，水流经过鳃完成气体交换。

3. 循环系统

小龙虾的循环系统包括心脏、血液和血管，是一种开放式循环。心脏在头胸部背面的围心窦中，为半透明、多角形的肌肉囊，有 3 对心孔，心孔内有防止血液倒流的瓣膜。血管细小、透明；由心脏前行有动脉血管 5 条，由心脏后行有腹上动脉 1 条，由心脏下行有胸动脉 2 条。血液也是体液，为一种透明、浅黄色的液体。

4. 排泄系统

在头部大触角基部内有 1 对绿色腺体，腺体后有一膀胱，由排泄管通向大触角基部，并开口于体外。

5. 神经系统

小龙虾的神经系统包括神经节、神经和神经索。神经节主要有脑神经节、食道下神经节等，神经则连接神经节通向全身。现代研究证实，小龙虾的脑神经干及神经节能够分泌多种神经激素，这些神经激素具有调控小龙虾的生长、蜕壳及生殖生理过程的作用。

6. 生殖系统

小龙虾雌雄异体，其雄性生殖系统包括3个精巢、1对输精管、1对位于第五对步足基部的生殖突。精巢呈三叶状排列，输精管分粗细2根，通向位于第五对胸足基部的1对生殖孔，小龙虾精巢如图2-3所示。

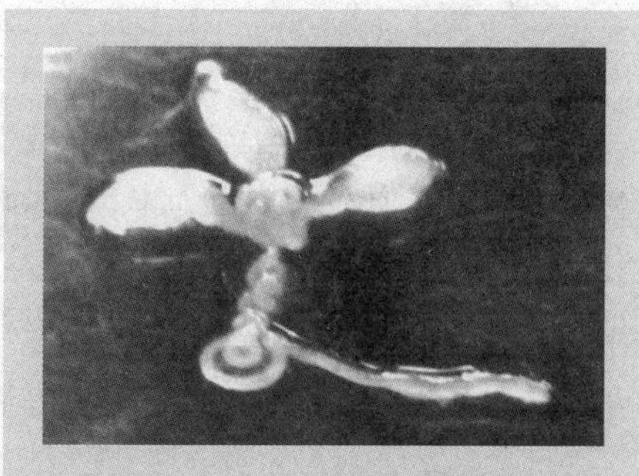

图2-3 小龙虾精巢

其雌性生殖系统包括3个卵巢，也是呈三叶状排列，1对输卵管通向第三对步足基部的生殖孔，小龙虾卵巢如图2-4所示。雄性小龙虾的交接器及雌性小龙虾的储精囊虽不属于生殖系统，但在小龙虾的生殖过程中起着非常重要的作用。

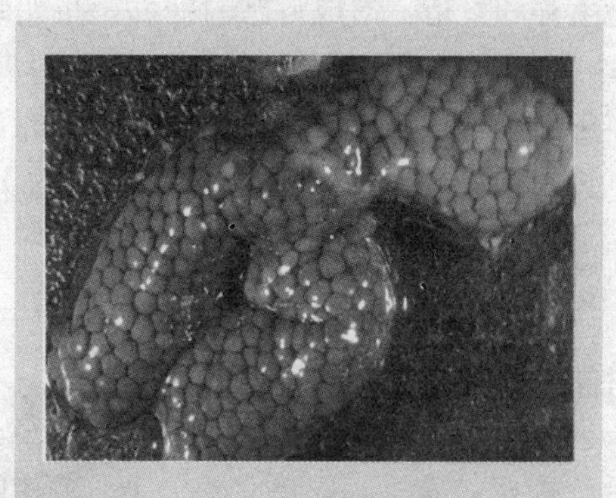

图2-4 小龙虾卵巢

7. 肌肉运动系统

小龙虾的肌肉运动系统由肌肉和甲壳组成，甲壳又被称为外骨骼，起着支撑和保护身体的作用，在肌肉的牵动下行使运动功能。

8. 内分泌系统

小龙虾有内分泌系统，往往与其他结构组合在一起。如与脑神经节结合在一起的细胞能合成和分泌神经激素；小龙虾的眼柄，可以分泌抑制小龙虾蜕壳和性腺发育的激素；小龙虾的大颚组织，能合成一种化学物质——甲基法尼醋（MF），该物质也起着调控小龙虾精、卵细胞蛋白合成和性腺发育的作用。

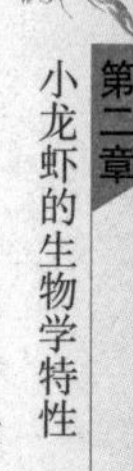

第二节 小龙虾的生活习性

小龙虾栖息在湖泊、河流、水库、沼泽、池塘及沟渠中，有时也见于稻田。但在食物较为丰富的静水沟渠、池塘和浅水草型湖泊中较多，栖息地多为土质，特别是腐殖质较多的泥质，有较多的水草、树根或石块等隐蔽物。当栖息地水体水位较为稳定时，小龙虾分布较多。

一 广栖性

小龙虾的生命力很强，在自然条件下，不论是在江河、湖泊、水库、沟渠、塘堰、稻田、池塘等水源充足的环境中，还是在沼泽、湿地等少水的陆地，只要没有受到严重污染，小龙虾就能生存和繁衍，形成自己的种群。小龙虾对水环境要求不高，在pH为5.8～8.2、温度为0～37℃、溶氧量不低于1.5mg/L的水体中都能生存，在我国大部分地区都能自然越冬。最适宜小龙虾生长的水体pH为7.5～8.2，溶氧量为3mg/L，水温为22～30℃。

二 穴居性

小龙虾喜欢打洞穴居，方向是笔直向下或稍倾斜。夏季洞穴深度一般为30cm左右，冬季达80～100cm。小龙虾白天入洞潜伏或守在洞口，夜间出洞活动；春季喜欢活动在浅水中，夏季喜欢活动在较深一点的水域，秋季喜欢在有水的堤边、坡边、埂边和曾经有水、秋天干涸的湿润地带营造洞穴，冬季喜欢藏身于洞穴深处越冬，小龙虾的洞穴如图2-5所示。

图2-5 小龙虾的洞穴

小龙虾掘洞时间多在夜间，可持续掘洞6~8h，成虾一夜挖掘深度可达40cm，幼虾可达25cm。成虾的洞穴深度大部分在50~80cm之间，少部分可以达到80~150cm；幼虾洞穴的深度在10~25cm之间；体长1.2cm的稚虾已经具备掘洞的能力，洞穴深度为10~20cm 。洞穴分为简单洞穴和复杂洞穴两种：85%的洞穴是简单的，即只有1条隧道，位于水面上或水面下10cm ；15%较复杂，即有2条以上的隧道，位于水面以上20cm处。繁殖季节每个洞穴中一般有1~2只虾，但冬季也常发现一个洞中有3~5只虾。小龙虾在繁殖季节的掘洞强度增大，在寒冷的冬季和初春，掘洞强度微弱。

三 迁徙性

从生活习性来看，小龙虾是介于水栖动物和两栖动物之间的一种动物，能适应恶劣的环境。它利用空气中氧气的本领很高，离开水体之后只要保持身体湿润，它可以安然存活2~3天。当遇陡降暴雨天气时，小龙虾喜欢集群到流水处活动，并趁雨夜上岸寻找食物和转移到新的栖息地；当水中溶氧量降至1mg/L时，它也会离开水面爬上岸或侧卧在水面上进行特殊呼吸。

四 药敏性

小龙虾对目前广泛使用的农药和渔药反应敏感，其耐药能力比鱼类要差得多，对有机磷农药，超过0.7g/m^3就会中毒，对于除虫菊酯类渔药或农药，只要水体中有药物含量，就有可能导致其中毒甚至死亡。对于漂白粉、生石灰等消毒药物，如果剂量偏大，也会导致小龙虾中毒。而对植物酮和茶碱则不敏感，如鱼藤精、茶饼汁等。

五 喜温性

小龙虾属变温动物，喜温暖、怕炎热、畏寒冷，适宜水温18~31℃，最适水温为22~30℃。当水温上升到33℃以上时，小龙虾进入半摄食或打洞越夏状态；当水温下降到15℃以下时，小

龙虾进入不摄食的打洞状态；当水温下降到10℃以下时，小龙虾进入不摄食的越冬状态。

六 格斗性

小龙虾严重饥饿时，会以强凌弱、相互格斗，出现弱肉强食，但在食物比较充足时，能和睦相处。另外如果放养密度过大、隐蔽物不足、雌雄比例失调、饲料营养不全时，也会出现相互撕咬残杀，最终以各自螯足有无决胜负。

七 避光性

小龙虾喜温怕光，有明显的昼夜垂直移动现象，光线强烈时即沉入水体或躲藏到洞穴中，光线微弱或黑暗时开始活动，通常抱住水体中的水草或悬浮物将身体侧卧于水面。

第三节 小龙虾的食性

一 杂食性

小龙虾食性最广，只要能咬动的东西它就可以吃。植物类如豆类、谷类、各种渣类、蔬菜类、各种水生植物、陆生草类都是它的食物；动物类如水生浮游动物、底栖动物、鱼、虾、动物内脏、蚕蛹、蚯蚓、蝇蛆等都是它喜爱的食物，并且也喜爱人工配合饲料。在水温20~28℃时，小龙虾摄食率会发生较大变化（表2-1）。

表2-1 小龙虾对各种食物的摄食率

种类	名称	摄食率（%）
植物	竹叶眼子菜	3.2
	竹叶菜	2.6
	水花生	1.1
	苏丹草	0.7
动物	水蚯蚓	14.8
	鱼肉	4.9
饲料	配合饲料	2.8
	豆饼	1.2

研究表明，在自然条件下，小龙虾主要摄食竹叶眼子菜、轮叶黑藻等大型水生植物，其次是有机碎屑，同时还有少量的丝状藻类、浮游藻类、浮游动物、水生寡毛类、轮虫、摇蚊幼虫和其他水生动物的残体等，克氏原螯虾的食物组成、出现频率和重量百分比见表2-2。

表2-2　克氏原螯虾的食物组成、出现频率和重量百分比

食物类群	典型食物	出现个数	出现频率（%）	重量百分比（%）
水生植物	竹叶眼子菜、黑藻	180	100	85.6
有机碎屑	植物碎屑、无法鉴别种类	180	100	10.0
藻类	丝状藻类、硅藻、小球藻	100	55.6	5.4
浮游动物	桡足类、枝角类	10	5.5	
轮虫	臂尾轮虫、三肢轮虫	2	1.1	
水生昆虫	摇蚊幼虫	18	10	
水生寡毛类	水蚯蚓	5	2.8	
虾类	克氏原螯虾残体	5	4.4	

食物种类随体长变化有差异，虽然各种体长的虾全年都以大型水生植物为主要食物，但中小体形小龙虾摄食浮游动物、昆虫及幼虫的量要高于较大规格的小龙虾，这就是要在养殖水体中种植水生植物的一个重要原因。不同体长的小龙虾所摄取的食物种类有较大的区别，通过镜检观察，其食物出现的频率是不同的，不同体长的小龙虾的食物组成及其出现频率见表2-3。

表2-3　不同体长的小龙虾的食物组成及其出现频率

样本数	体长/cm	出现频率（%）							
		大型水生植物	有机碎屑	藻类	浮游动物	轮虫	水生昆虫	水生寡毛类	虾类
15	3.0~4.0	100	100	86.7	40	13.3	20.0	0	0
26	4.0~5.0	100	100	53.8	11.5	0	19.2	3.8	0

（续）

样本数	体长/cm	出现频率（%）							
		大型水生植物	有机碎屑	藻类	浮游动物	轮虫	水生昆虫	水生寡毛类	虾类
30	5.0～6.0	100	100	66.7	3.3	0	10.0	6.7	0
60	6.0～7.0	100	100	70.0	0	0	3.3	1.7	3.3
25	7.0～8.0	100	100	40.0	0	0	0	8.0	8.0
12	8.0～9.0	100	100	50.0	0	0	0	0	8.3
9	9.0～10.0	100	100	33.0	0	0	0	0	0
3	10.0～10.6	100	100	66.7	0	0	0	0	0

二 摄食行为

小龙虾的摄食方式是用螯足捕获大型食物，撕碎后再递给第二、第三对步足抱食，小型食物则直接用第二、第三对步足抱住啃咬。小龙虾摄食能力较强，有贪食和争食习性，饲料匮乏或群体过大时，也会发生撕咬、相互残杀现象，硬壳虾蚕食蜕壳虾或软壳虾尤其明显。小龙虾一般在傍晚或黎明觅食，经人工驯化，可改在白天觅食。其耐饥饿能力较强，10 天不进食仍能正常生活。摄食的最适温度是 20～30℃，水温低于 15℃或高于 33℃，摄食量明显减少，甚至停食。

在我国水产界，长期以来错误地认为小龙虾能捕食鱼苗、鱼种，对水产养殖有很大的危害。但实验表明，鲤鱼、草鱼、白鲢和尼罗罗非鱼 4 种鱼种与小龙虾混养的成活率均为 100%。4 种鱼苗与小龙虾混养，平均成活率分别为 90.0%、77.2%、80.4%、87.2 %，而未与小龙虾虾混养的平均成活率分别为 89.2%、76.3%、80.6%、87.9 %，没有显著差异。由此可以推断，在正常情况下，小龙虾没有能力捕食鱼苗、鱼种。虽然小龙虾不能捕捉游动较快的鱼类，但它能捕食鱼类的病残体及死亡个体，也能捕食活动的浮游动物、藻类及漂浮在水面的植物。

小龙虾还可以与鳜鱼、翘嘴鲌等凶猛性鱼类混养，小龙虾在水中是间歇性活动，游泳能力不及鱼类，进攻能力也差，在没有

发现食物之前，它会静伏于池底，难以被发现，并能鉴别和巧妙躲避敌害，而凶猛性鱼类以捕食运动中的猎物为主，所以，小龙虾被蚕食的可能性不大。这样的鱼虾混养在生产中被证实是成功的，但小龙虾养殖水体不能有乌鳢和黄鳝等凶猛性鱼类存在。

第四节 生长与蜕壳

一 生长周期

小龙虾幼体阶段一般2～4天蜕壳1次，幼体经3次蜕壳后进入幼虾阶段。在幼虾阶段，每5～8天蜕壳1次，在成虾阶段，一般8～15天蜕壳1次。小龙虾从幼体阶段到商品虾养成需要蜕壳11～12次，蜕壳是它生长发育、增重和繁殖的重要标志，每蜕1次壳，它的身体就长大1次。蜕壳一般在洞内或草丛中进行，刚完成蜕壳时，其身体柔软无力，这时是小龙虾最易受到攻击的时期，蜕壳后的新体壳于12～24h后硬化。小龙虾与其他甲壳动物一样，必须蜕掉体表的甲壳才能完成其突变性生长。在长江流域，9月中旬脱离母体的幼虾平均全长约1.0cm，平均重0.04g，年底最大全长达7.4cm，重12.24g。在稻田或池塘中养殖到第二年的5月，平均全长达10.2cm，平均重达34.51g。

二 蜕壳条件

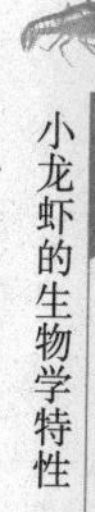

小龙虾的蜕壳与水温、营养及个体发育阶段密切相关。水温高、食物充足、发育阶段早，则蜕壳间隔短。性成熟的雌、雄虾一般1年蜕壳1～2次。据测量全长8～11cm的小龙虾每蜕1次壳，全长可增长1.3cm。小龙虾的蜕壳多发生在夜晚，人工养殖条件下，有时白天也可见其蜕壳，但较为少见。根据小龙虾的活动及摄食情况，其蜕壳周期可分为蜕壳间期、蜕壳前期、蜕壳期和蜕壳后期4个阶段。蜕壳间期小龙虾摄食旺盛，甲壳逐渐变硬；蜕壳前期从小龙虾停止摄食起至开始蜕壳止，这一阶段是小龙虾为蜕壳做准备，小龙虾停止摄食，甲壳里的钙向体内的钙石转移，使钙石变

大，甲壳变薄、变软，并且与内皮质层分离；蜕壳期是从小龙虾侧卧蜕壳开始至甲壳完全蜕掉为止，这一阶段持续时间约几分钟至十几分钟不等，我们观察到的大多在5~10min，时间过长则小龙虾易死亡；蜕壳后期是从小龙虾蜕壳后至开始摄食止，这个阶段是小龙虾甲壳的皮质层向甲壳演变的过程，水分从皮质层进入体内，身体增重、增大，体内钙石的钙向皮质层转移，皮质层变硬、变厚，成为甲壳，体内钙石最后变得很小。

国外也有学者将蜕壳后期分为软壳期和薄壳期，将其蜕壳周期分为蜕壳间期、蜕壳前期、蜕壳期、软壳期和薄壳期5个阶段。

三 寿命与生活史

小龙虾雄虾的寿命一般为20个月，雌虾的寿命为24个月。因此，在开展人工繁殖时，应尽可能选择1龄虾作为亲本。否则，将会造成不必要的损失或失败。

小龙虾的生活史比较简单，雌雄亲虾交配后，雌虾将精液保存在储精囊内，待卵细胞发育成熟后，排卵时释放精液，完成受精过程，并结合成为受精卵。受精卵和蚤状幼体都由雌虾独立保护并完成孵化。待到幼体孵出时，生长至幼虾被雌虾释放出来，开始自由生活，经过数次蜕壳，生长为成虾，一部分作为食用虾上市，另一部分成虾继续发育为亲虾，即完成1个生命周期，天然水域中小龙虾的生活史示意图如图2-6所示。

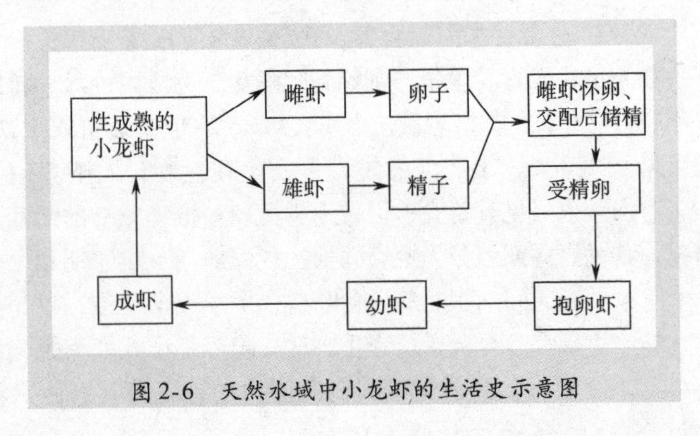

图2-6　天然水域中小龙虾的生活史示意图

第五节　繁殖习性

一　自然环境中的性别比

对自然状态下小龙虾性别比的调查结果表明，在不同的体长阶段小龙虾的雌雄比例也不同，在全长 3.0 ~ 8.0cm 和 8.1 ~ 13.5cm 两种规格组中都是雌性多于雄性。小规格组雌性占总体的 51.5%，雄性占 48.5%，雌雄比例为 1.06:1。大规格组雌性占总体的 55.9%，雄性占 44.1%，雌雄比例为 1.17:1。大规格组雌性明显多于雄性的原因，是在它们交配之后雄性体能消耗过大，体质下降，易导致死亡，雄性个体越大，死亡率越高，说明雄性寿命比雌性要短。这一点，只要我们在 6 ~ 8 月深入到当地水产品集贸市场做一简单统计，便可一清二楚。

二　产卵类型与产卵量

小龙虾隔年达到性成熟，9 月离开母体的幼虾到第二年的七八月即可性成熟产卵。从幼体到性成熟，小龙虾要进行 11 次以上的蜕壳。其中幼体阶段蜕壳 2 次，幼虾阶段蜕壳 9 次以上。

【误区】 有很多业内人士认为，小龙虾 1 年繁殖 2 ~ 3 次，可在 11 月或 3 月投放亲虾。研究结果表明：小龙虾 1 年只繁殖 1 次，秋冬季繁殖。

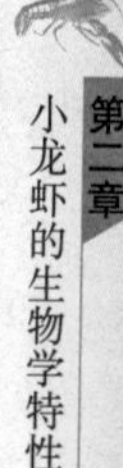

小龙虾为秋季产卵类型，1 年产卵 1 次，交配季节一般在 5 ~ 9 月。小龙虾雌虾的产卵量随个体长度的增长而增大，小龙虾全长与产卵量的关系见表 2-4。全长 10.0 ~ 11.9cm 的雌虾，平均抱卵量为 237 粒。采集到的最大产卵个体全长 14.26cm，产卵 397 粒，最小产卵个体全长 6.4cm，产卵 32 粒。人工繁殖条件下的雌虾产卵量一般比从天然水域中采集的抱卵雌虾产卵量要多。

表 2-4　小龙虾全长与产卵量的关系

全长/cm	7.65 ~ 7.99	8.00 ~ 9.99	10.00 ~ 11.99	12.00 ~ 13.99	14.00 ~ 14.26
平均产卵量/粒	71	142	237	318	385

受精卵的孵化和幼体发育的各个阶段表现出不同的特征。雌虾刚产出的卵为暗褐色，卵被一团蛋清状胶质包裹，肉眼可辨卵粒，但卵径较小，仅约 1.6mm，刚产完卵的抱卵虾如图 2-7 所示。随着胚胎的发育，其颜色逐渐变浅，呈浅黄色，小龙虾变黄卵如图 2-8 所示。

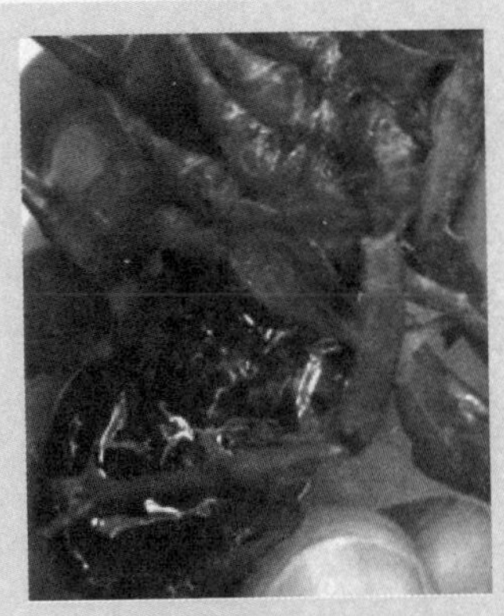

图 2-7　刚产完卵的抱卵虾

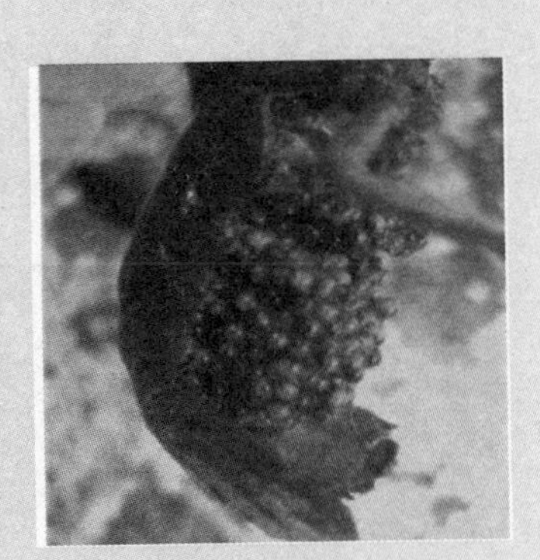

图 2-8　小龙虾变黄卵

三 交配方式

自然状态下，每 1 尾雄虾可先后与 2 尾以上的雌虾交配，交配时，雄虾用螯足钳住雌虾的螯足，用步足抱住雌虾，将雌虾翻转，侧卧，小龙虾交配如图 2-9 所示。雄虾的钙质交接器与雌虾的储精囊连接，雄虾的精夹顺着交接器进入雌虾的储精囊。

图 2-9　小龙虾交配

交配后，短则1周，长则1个多月雌虾即可产卵。雌虾从第三对步足基部的生殖孔排卵并随卵排出较多蛋清状胶质，将卵包裹，卵经过储精囊时，胶质状物质促使储精囊内的精夹释放出精子，使卵受精。最后胶质状物质包裹着受精卵到达雌虾的腹部，受精卵黏附在雌虾的腹足上，腹足不停地摆动以保证受精卵孵化时所必需的溶氧供应。

小龙虾的交配时间随着密度的多少和水温的高低而长短不一，短的只有几分钟，长的则有1个多小时。在密度比较小时，小龙虾交配的时间较短，一般为30min；在密度比较大时，小龙虾交配的时间相对较长，交配时间最长达72min。交配的最低水温为18℃。

小龙虾在自然条件下，5~9月为交配季节，其中6~8月为高峰期。由于小龙虾不是交配后马上就产卵，而是交配后，要等相当长一段时间，大约为7~30天的时间才产卵。在人工放养的水族箱中，成熟的小龙虾只要是在水温合适的情况下都会交配，但产卵的虾较少且产卵时间较晚。在自然状况下，雌雄亲虾交配之前，就开始掘洞筑穴，雌虾产卵和受精卵孵化过程多数在洞穴中完成。

四 产卵与孵化

孵化期与温度有关，水温为7℃，孵化时间为150天；水温为15℃，孵化时间为46天；水温为20~22℃，孵化时间为20~25天；水温为24~26℃，孵化时间为14~15天；水温为24~28℃，孵化时间为12~15天。如果水温太低，受精卵的孵化可能需数月之久。这就是人们在第二年的3~5月仍可见到抱卵虾的原因。有些人在5月观察到抱卵虾，就据此认为小龙虾是春季产卵或1年产卵2次，这是错误的。刚孵化出的幼体长约5~6mm，靠卵黄囊提供营养，几天后蜕壳发育成Ⅱ期幼体。Ⅱ期幼体长约6~7mm，附肢发育较好，额角弯曲在两眼之间，其形状与成虾相似。Ⅱ期幼体附着在母体腹部，能摄食母体呼吸水流时带来的

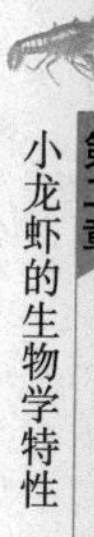

微生物和浮游生物，当离开母体后可以站立，但仅能微弱行走，也仅能短距离的游回母体腹部。在Ⅰ期幼体和Ⅱ期幼体时期，若此时惊扰雌虾，会造成雌虾与幼体分离较远，幼体不能回到雌虾腹部而死亡。Ⅱ期幼体几天后蜕壳发育成仔虾，全长约9~10mm。此时仔虾仍附着在母体腹部，形状几乎与成虾完全一致，对母体也有很大的依赖性并随母体离开洞穴进入开放水体成为幼虾。在24~28℃的水温条件下，小龙虾幼体发育阶段约需12~15天。

第三章
小龙虾的繁殖

第一节 雌雄鉴别和性腺发育

一 雌雄鉴别

小龙虾雌雄异体，雌雄个体外部特征十分明显，容易区分。雌雄虾特征对照表见表 3-1，雌雄虾鉴别如图 3-1 所示。

雄虾

雌虾

图 3-1 雌雄虾鉴别

表 3-1　雌雄虾特征对照表

特　征	雌　虾	雄　虾
体色	颜色暗红或深红，同龄个体小于雄虾	颜色暗红或深红，同龄个体大于雌虾
同龄亲虾个体	小，同规格个体螯足小于雄虾	大，同规格个体螯足大于雌虾
腹肢	第一对腹足退化，第二对腹足为分节的羽状附肢，无交接器	第一、第二对腹足演变成白色、钙质的管状交接器
倒刺	第三、第四对胸足基部无倒刺	成熟的雄虾背上有倒刺，倒刺随季节而变化，春夏交配季节倒刺长出，而秋冬季节倒刺消失
生殖孔	开口于第三对胸足基部，为一对暗色的小圆孔，胸部腹面有储精囊	开口于第五对胸足基部，为一对肉色、圆锥状的小突起

二 性腺发育

同规格的小龙虾雌雄个体发育基本同步。一般雌虾个体重20g以上、雄虾个体重25g以上时，其性腺可发育成熟。雌虾卵巢颜色呈深褐色或棕色，雄虾精巢呈白色。在小龙虾的性腺发育过程中，成熟度的不同会带来性腺颜色的变化。通常按性成熟度的等级把卵巢发育分为灰白色、黄色、橙色、棕色和褐色等阶段。其中灰白色是幼虾的卵巢，卵粒细小不均匀，不能分离，需进一步发育才能成熟。黄色也是未成熟卵巢，但卵粒分明、较饱满，也不可分离。橙色是即将成熟的卵粒，卵粒分明饱满但不均匀，较难分离，需再发育1～2个月可完全成熟并开始产卵。若遇低水温，产卵时间会推迟。深褐色的卵巢表明已完全成熟，卵粒饱满均匀，如果用解剖针挑破卵膜，卵粒分离，清晰可见。若在此时雌雄交配，1周左右即可产卵。常用比较直观的方法是，从亲虾的头胸甲颜色深浅判断其性腺发育好坏，颜色越深表明成熟度越好。

1. 性成熟系数的周年变化

小龙虾性成熟系数是用来衡量雌虾性成熟程度的指标，通常用小龙虾的卵巢重与其体重（湿重）的百分比来表示，即性成熟系数 =（卵巢重/体重）×100%。在不同的月份采集多个小龙虾个体，并分别测定其当月的性成熟系数，其平均值就是该月的小龙虾群体性成熟系数。通过大量的数据表明，小龙虾群体的性成熟系数在7~9月的繁殖季节逐渐增大，而到9月中下旬达到最大值，但产完卵后则又迅速下降，在非繁殖季节性成熟系数则处于低谷。因此，小龙虾的人工繁殖应不误农时。

2. 卵巢的分期

依据小龙虾卵巢的颜色和大小、饱满程度和滤泡细胞的形状将其分为7个时期，小龙虾卵巢发育分期见表3-2。

表3-2 小龙虾卵巢发育分期

卵巢发育时期	卵巢外观特征
Ⅰ期（未发育期）	卵巢体积较小，呈细线状，白色透明，看不见卵粒；卵粒间隔较稀疏，卵巢外层的被膜较厚，肉眼可明显分辨
Ⅱ期（发育早期）	卵巢呈细条状，有白色半透明的细小卵粒；卵粒之间间隔紧密，卵膜薄，肉眼可辨，细胞呈椭圆形，卵黄颗粒很小，规格较一致
Ⅲ期（卵黄发生前期）	卵巢呈细棒状，黄色到深黄色；卵粒之间间隔紧密，卵膜薄，肉眼不容易分辨；是处于初级卵母细胞大生长期的细胞，细胞之间接触较紧密，呈多角圆形；卵黄颗粒较第二期的大
Ⅳ期（卵黄发生期）	卵巢呈棒状，颜色为深黄色到褐色，比较饱满，肉眼不能分辨卵膜；卵母细胞开始向成熟期过渡，细胞多呈椭圆形；在10倍镜下卵黄颗粒较明显，在40倍镜下可以看到大小明显的两种卵粒，大卵粒相对小卵粒较少

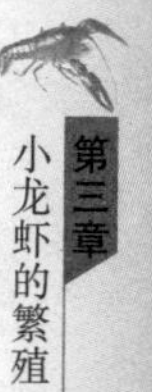

（续）

卵巢发育时期	卵巢外观特征
Ⅴ期（成熟期）	卵巢呈棒状，该期卵巢颜色为黑色，卵巢很饱满，占据整个胸腔，肉眼不能分辨卵膜；细胞呈圆形且饱满，卵黄颗粒充满整个细胞，卵黄颗粒也最大，卵径为1.5mm以上
Ⅵ期（产卵后期）	此时期虾刚产完卵，卵巢内有的全空，有的有少许残留的粉红色至黄褐色卵粒
Ⅶ期（恢复期）	产后不久，卵巢全空，白色半透明，无卵粒；产卵30天后，有卵巢的轮廓，卵膜较厚、透明，卵膜内有的有较稀少的小白色卵粒，有的没有卵粒

从卵巢的分期可以看出，小龙虾的卵母细胞在各期的发育状态基本一致，通过对产后虾的解剖观察可以看出，虾的卵巢几乎无残留卵粒，这足以说明小龙虾属一次性产卵类型的动物。

3. 卵巢发育的周年变化

解剖发现，在每年3~5月，雌虾的卵巢发育大多都处于Ⅰ期，但也有极少数处于Ⅱ~Ⅲ期。在6月，雌虾的卵巢发育大多都处于Ⅱ期，少数处于Ⅰ期和Ⅲ期。7月则是雌虾卵巢发育的一个转折点，大部分雌虾的卵巢发育都处于Ⅲ期，仅有少部分处于Ⅳ期和Ⅱ期。到了8月，则大部分卵巢处于Ⅲ期和Ⅳ期，少量为Ⅱ期和Ⅴ期。9月，则绝大部分雌虾的卵巢为Ⅴ期。到了10月，卵巢发育变化最大，大部分处于Ⅴ期，部分虾卵已全部产出，还有部分虾产完卵后，卵巢又重新还原到Ⅰ期。11月至次年的2月，大部分虾的卵巢处于Ⅰ期。

卵巢发育处于Ⅰ期的小龙虾体色大多数为青色，这些青色虾为不到1年的虾。其体长主要集中在5.0~7.0cm之间；而卵巢发育较好的虾，其体色绝大多数为黑红色，这些虾中有1年的虾和2年的虾，体长主要集中在8.1~9.0cm之间。其中成熟卵巢的黑红色虾中，体长最长和最短的虾的体长分别为10.1cm和

6.1cm；而对于卵巢成熟的青色虾，其最短体长为6.4cm。

4. 精巢的发育

精巢的大小和颜色与繁殖季节有关。未成熟的精巢呈白色细条形，成熟的精巢呈淡黄色的纺锤形，体积也较前者大数倍到数十倍。小龙虾精巢发育分期见表3-3。

表3-3　小龙虾精巢发育分期

精巢发育时期	精巢外观特征
Ⅰ期（未发育期）	精巢体积小，为细长条形，白色，前端为一小球形，生殖细胞均为精原细胞；在精原细胞外围排列着一圈整齐的间介细胞，能分泌雄性激素；精原细胞数量较少，不规则地分散在结缔组织中间，有较多的营养细胞，但尚未形成精小管
Ⅱ期（发育早期）	精巢体积逐渐增大，呈白色，外观形状为前粗后细的细棒状；精小管中同时存在不同发育时期的生殖细胞，但精原细胞和初级精母细胞占绝大部分，还有部分次级精母细胞
Ⅲ期（精子生长期）	精巢体积较大，为淡青色，外观形状为圆棒状；精小管内主要存在次级精母细胞和精子细胞，有的还存在精子
Ⅳ期（精子成熟期）	精巢体积最大，颜色由淡青色变成了淡黄色，形状为圆棒状或圆锥状，精小管中充满大量的成熟精子；在光学显微镜下观察到的精子为小圆颗粒状
Ⅴ期（产后恢复期）	精巢体积明显较Ⅳ期的小，是自然退化或排过精的精巢；精小管内只剩下精原细胞和少量的初级精母细胞，有的精巢内还有少量精子

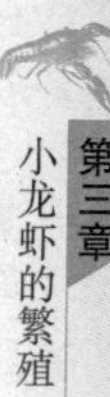

精巢的发育有明显的季节性变化，在当年12年至第二年2月，精巢的体积较小，呈白色，细长条形，输精管也十分细小，管内以精原细胞为主。3～6月，精巢体积逐渐增大，形状为前粗

后细的细棒状，输精管内以次级精母细胞为主，管内可形成精子。7～8 月，精巢变为成熟精巢所特有的浅黄色，此时有一小部分虾开始抱对。8～9 月，精巢的体积最大，精巢颜色变成了淡黄色或灰黄色，呈圆锥状，输精管变得粗大，充满了大量的成熟的精子，此时大量的虾开始抱对、交配。

从 10 月之后，水温下降，食物逐渐缺乏，精巢发育基本处于停止期，直到第二年 3 月，水温开始回升，食物逐渐增多，精巢才又开始下一个发育周期。

5. 繁殖力

常说的繁殖力是指小龙虾产卵数量的多少，是绝对繁殖力。也有用相对繁殖力来表示的。相对繁殖力用卵粒数量同体重（湿重）或体长的比值来表示：

相对繁殖力 ＝ 卵粒数量／体重

或　　相对繁殖力 ＝ 卵粒数量／体长

只有处于Ⅲ期和Ⅳ期卵巢的卵粒才可作为计算繁殖力的有效数据。

小龙虾的繁殖季节为 7～10 月，高峰时期为 8～9 月，在此期间绝大部分成虾的卵巢发育都处于Ⅳ～Ⅴ期。通过对 100 余尾小龙虾繁殖力的测定，结果表明，小龙虾的体长为 5.5～10.3cm，平均体长为 7.9cm；体重为 7.17～71.05g，平均体重为 39.11g；个体绝对繁殖力的变动范围为 172～1158 粒，相对繁殖力为 2～41 粒/g 或 47～80 粒/cm。体长为 10.1～10.3cm 的虾的平均绝对繁殖力为 872 粒；体长为 9.0～9.9cm 的虾的平均绝对繁殖力为 453 粒；体长为 8.1～8.8cm 的虾的平均绝对繁殖力为 609 粒；体长为 7.0～7.9cm 的虾的平均绝对繁殖力为 469 粒；体长为 6.0～6.9cm 的虾的平均绝对繁殖力为 376 粒；体长为 5.5～5.9cm 的虾的平均绝对繁殖力为 323 粒。由此可见，一般情况下，个体长的虾的绝对繁殖力较个体短的要高。小龙虾的相对繁殖力随体长的增加而增加是显而易见的。

6. 胚胎发育

图 3-2　小龙虾受精卵

9 月产出的黏附在小龙虾母体上的受精卵如图 3-2 所示。在自然条件下的孵化时间为 17～20 天，孵化所需要的有效积温为 453～516℃·天；在此期间，最低水温为 19℃，最高水温为 30℃，平均水温为 25.8℃。而在 10 月底以后产出的受精卵，在自然水温条件下，孵化所需要的时间为 90～100 天，在此期间最低水温为 4℃，最高水温为 10℃，平均水温为 5.2℃。

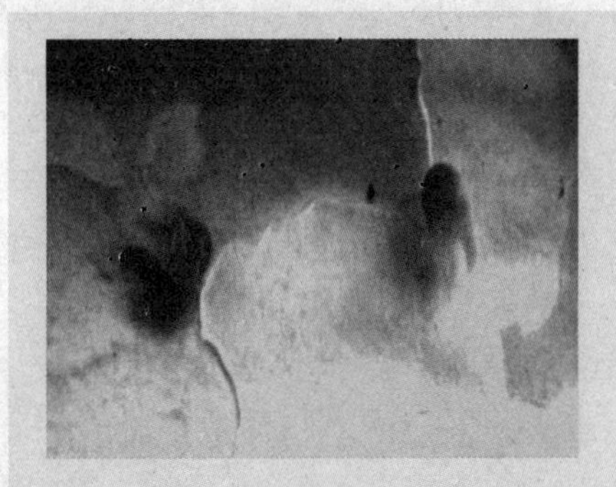

图 3-3　刚出膜的蚤状幼体

小龙虾的胚胎发育过程共分为 12 期：受精期、卵裂期、囊胚期、原肠前期、半圆形内胚层沟期、圆形内胚层沟期、原肠后期、无节幼体前期、无节幼体后期、前蚤状幼体期、蚤状幼体期和后蚤状幼体期（图 3-3）。

小龙虾受精卵的颜色随胚胎发育的进程而变化，从刚受精时的棕色，到发育过程中的棕色夹杂着黄色和黄色夹杂着黑色，到最后阶段完全变成黑色，孵化时转变为一部分为黑色，一部分为透明。

7. 小龙虾的幼体发育

刚孵化出的小龙虾幼体长约 5～6mm，悬挂在母体腹部附肢上，靠卵黄囊提供营养，尚不具备成体的形态，蜕壳变态后成为

幼虾。幼虾在母虾的保护下生长，当其蜕3次壳以后，才离开母体营独立生活。小龙虾幼体的全长是指从幼虾额角顶端到其尾肢末端的伸直长度，其单位通常用毫米（mm）表示。

小龙虾幼体根据蜕壳的情况，一般分为4个时期。

Ⅰ龄幼体。全长约5mm，体重约4.68mg。幼体头胸甲占整个身体的近1/2，复眼1对，无眼柄，不能转动；胸肢透明，和成体一样均为5对，腹肢4对，比成体少1对；尾部具有成体形态。Ⅰ龄幼体经过4天发育开始蜕壳，整个蜕壳时间约10h。蜕壳之后进入2龄幼体。

Ⅱ龄幼体。全长约7mm，体重为6mg。经过第一次蜕壳和发育后，Ⅱ龄幼体可以爬行。头胸甲由透明转为青绿色，可以看见卵黄囊呈“U”字形，复眼开始长出了部分眼柄，具有摄食能力。Ⅱ龄幼体经过5天开始蜕壳，整个蜕壳时间约1h。

Ⅲ龄幼体。全长约10mm，体重为14.2mg。头胸甲的形态已经成型，眼柄继续发育，且内外侧不对等，第一对胸足呈螯钳状并能自由张合，进行捕食和抵御小型生物。仍可见消化肠道，腹肢可以在水中自由摆动。Ⅲ龄幼体经过4~5天开始蜕壳。

Ⅳ期幼体（图3-4）。全长约11.5mm，体重为19.5mg。眼柄发育已基本成型。第一对胸足变得粗大，看不到消化肠道。该期的幼体已经可以蚕食比它小的Ⅰ、Ⅱ期幼体，此时的幼体开始进入到幼虾发育阶段。在平均水温25℃时，小龙虾的幼体发育阶段约需14天。

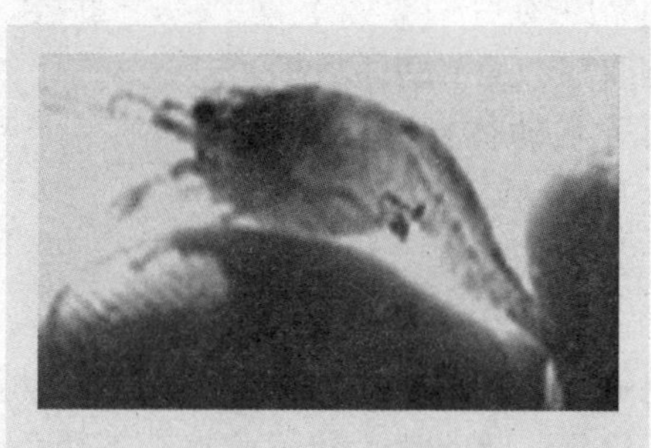

图3-4 幼体

第二节　人工增殖

一 人工增殖的特点

小龙虾的人工增殖是在天然水域或养殖水体中投放小龙虾亲虾，使其自然交配、产卵、孵化，以此繁衍后代，达到增加种群的目的。

> 【经验】 小龙虾人工增殖是在当前人工繁育条件下，开展养殖采取的最主要的获得苗种的措施。

每年7~9月，在稻田、池塘或浅水草型湖泊中，投放经挑选的小龙虾亲虾。亲虾来源应直接从养殖小龙虾的良种场、池塘或天然水域捕捞，亲虾离水的时间应尽可能短，一般要求离水时间不要超过2h，在室内或潮湿的环境下，时间可适当长一些。雌雄比例通常为3:1。

二 亲虾的选择

亲虾选择标准如下：

1）颜色暗红或深红、有光泽、体表光滑无附着物。

2）个体大，雌雄个体重都要在35g以上。

3）亲虾雌雄个体都要求附肢齐全、体格健壮、活动能力强。

这一标准为通用标准，广泛适用于稻田养殖、池塘养殖等所有人工养殖模式，凡符合标准之一的亲虾，就是标准亲虾。

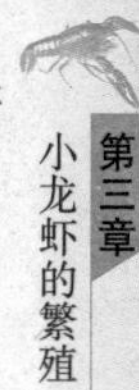

三 亲虾的投放

第一年开展养殖的水体，每亩投放亲虾15~20kg。对已经养殖的水体，每亩补投亲虾5~10kg。对于稻田而言，在投放亲虾前应要搞好虾沟清池、移植水草等工作；投放后，秋冬季要培肥水质、保持水位，9~11月保持稻田水位10~30cm，12月至第二年2月保持稻田水位30~50cm。对于池塘而言，在投放亲虾前应对池塘进行清整、除野、消毒、施肥、种植水生植物，水深保持

1m以上；投放亲虾后，要投放水草，并适度施肥，培育大量的浮游生物，保持透明度在30～40cm。整个冬季应保持水深1m以上，如果气温低于4℃以下，最好水深在1.5m以上。对于草型湖泊，由于其自身饲料资源丰富，投放种虾后则不需再投草、施肥。

四 雌雄亲虾的捕捞

10～11月当幼虾离开母体后，用虾笼捕捞雌虾，当捕到有抱卵的雌虾应及时放回池中继续饲养，待到附着在雌虾腹部的幼虾全部离开母体独立生活，才可捕起亲虾单独饲养，同时加强对幼虾的培养管理，当孵化工作结束后即可转入小龙虾苗种培育阶段。

第三节 土池半人工繁殖

这是一种投资最少、还可因地制宜利用废弃土池、操作简单的一种繁殖方法。通过人工控制水温、水质、水位、光照等环境因素，促进小龙虾交配、产卵，来达到小龙虾繁殖的目的。

一 修建繁殖池

修建繁殖池，土池长50m，宽8～25m，土池坡度1∶2.5。土池四周设置高50～60cm的防逃网，在土池上立钢筋棚架或竹棚架，用遮阳布覆盖。土池繁殖小龙虾如图3-5所示。也可在土池上搭建温棚，土池温棚孵化小龙虾如图3-6所示。水深0.5～1.0m，放小龙虾前对土池清整、消毒、除野。

图3-5 土池繁殖小龙虾

图 3-6　土池温棚孵化小龙虾

二 投放亲虾

在每年的 7 月初，每池投放经挑选的小龙虾亲虾 180～200kg，雌雄比例为 2∶1 或 5∶2。投放亲虾后，保持良好的水质，定时加注新水，用增氧机向池中间歇增氧，有条件的可采取微流水方式。同时加强投喂，每天投喂 1 次，多投喂一些动物蛋白含量较高的饲料，如螺蚌肉、鱼肉及屠宰场的下脚料等，并移植较多的凤眼莲、水花生等水草，为亲虾提供攀缘、嬉戏、交配等活动场所。

三 自然产卵孵化

通过控制光照、温度、水位、水质等措施，改善水域环境，使亲虾交配、产卵、孵化。10 月中下旬开始用虾笼捕捞亲虾，对幼虾加强投喂，同时分期分批捕捞幼虾出池。如水温低于 20℃，可去掉棚架上的遮阳布，再覆盖一层塑料薄膜，建成简易的温棚，这样可大大缩短孵化和出苗时间。每个繁殖季节每亩土池可繁殖幼虾 25 万～30 万尾。

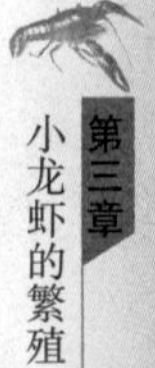

第四节　人工诱导繁殖

小龙虾的人工繁殖是采取人工“控制光照、控制水温、控制水

位、改善水质、加强投喂”的五位一体的一种人工诱导繁殖方法，其流程图如图3-7所示。其中控制水位、改善水质、加强投喂是辅助措施，改善水质、加强投喂是为小龙虾的性腺继续发育创造良好的水环境和营养条件，进一步缩小小龙虾性腺发育存在的个体差异性，增大同步性，同时控制水位还起着一个辅助诱导的作用。控制光照、控制水温是诱导小龙虾产卵的关键因素。甲壳动物生物学的研究表明，甲壳动物的生长、蜕皮、生殖无不受到光照、温度的影响或调控，越是低等动物，受到光照和温度的影响越大，因而光照和温度是调控甲壳动物生殖生理的最重要因素。

【提示】 小龙虾人工诱导繁殖是2005年由舒新亚、陶忠虎在湖北潜江率先试验成功的一种物理繁殖方法，也是目前我国一直在采用的主要的人工繁殖方法。

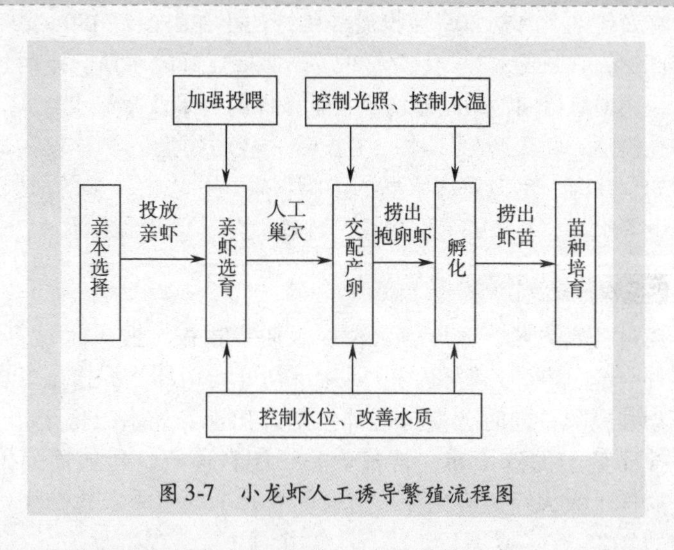

图3-7 小龙虾人工诱导繁殖流程图

人工诱导繁育的小龙虾种苗有三大优势：

一是品质优良，工厂化繁育的种苗由于在亲本的选择和配组上是采用异地选配的原则，因而具有杂交优势的特性，避免存塘留种自然繁殖情况下引起的近亲繁殖、种性退化现象的发生。

二是规格整齐，工厂化繁育的种苗，由于采用人工诱导，创造优良环境使雌虾集中交配、集中抱卵、集中孵化、集中培育，因而虾苗规格大小一致，避免了虾苗因大小不一而引起的自相残杀，最终导致成虾养殖产量下降的情况发生。

三是能提前上市，人工繁育的虾苗，一般在冬季来临之前即进入稚虾培育阶段，到第二年 3 月底 4 月初即可达到 3～4cm 大小的规格整齐虾苗，一般比自然繁殖的虾苗提前 40 天上市。因此，人工繁育的虾苗深受农民的欢迎。

小龙虾人工繁育有多种形式，主要包括：水泥池、工厂化和温室三种。这三种形式在亲虾的选择、培育和产卵的环节都是相同的，所不同的只是抱卵虾的孵化形式不同。

一 亲虾的培育

1. 培育池的准备

亲虾培育池，一般采用土池，面积视规模而定。小规模生产其面积从 $20m^2$ 至 $100m^2$ 均可；大规模生产一般在 $500m^2$ 以上，高者可达 $2000m^2$ 以上。池水深 1.0～2.0m，池埂宽 1.5m 以上。建好进排水系统，四周池埂用塑料薄膜或钙塑板搭建防逃墙，防逃设施可建在池塘边，防止亲虾上岸打洞，影响起捕。亲虾池须水源充足，水质清鲜无污染，溶氧高，特别是强化培育期间的水体溶氧量要求在 4mg/L 以上。亲虾放养前 15 天，每亩用生石灰 150kg 化水全池泼洒消毒，同时施入 500～800kg 腐熟的畜禽粪培肥水质。然后，注入过滤新水，在池内移植一些水草，水草面积约占培育池面积的 1/3，土池培育亲虾如图 3-8 所示。

图 3-8　土池培育亲虾

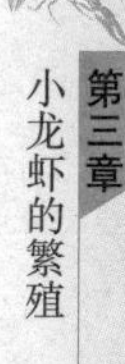

2. 亲虾的选择

挑选小龙虾亲虾的时间一般在5～8月，应直接从省级良种场或天然水域捕捞，亲虾离水的时间应尽可能短，一般要求离水时间不要超过2h，若在室内或潮湿的环境下，可适当延时。雌雄比例为3∶1较好。

> 【经验】 亲本最好到捕捞现场挑选，市场上的小龙虾经虾贩反复折腾，多有内伤，不易成活。

3. 亲虾的饲养

（1）水质管理 亲虾放养后，要保持良好的养虾水质，定期加注新水，定期更换部分池水，有条件的可以采用微流水的方式，保持水质清新。

（2）饲料与投喂 亲虾由于性腺发育的营养需求，对动物性饲料的需求量较大，喂养的好坏直接影响到其怀卵量及产卵量、产苗量。因此在亲虾的喂养过程中，必须增加动物性饲料的投入，一般是每天投喂1次，投喂量占存塘亲虾总重量的4%～5%，根据天气、摄食情况及时调整，饲料品种以投喂水草、玉米、麸皮、小麦等植物性饲料为主，适当搭配一些新鲜的螺蚬蚌肉、小杂鱼、屠宰场的下脚料，喂养方法是动物性饲料切碎，植物性饲料浸泡后沿池塘四周撒喂。日投喂量可视摄食情况、天气状况、气温的高低灵活掌握，并及时调整。

（3）日常管理 每天坚持巡塘数次，检查摄食、水质、交配、产卵、防逃设施等，及时捞出剩余的饲料，修补破损的防逃设施，确定加水或换水时间、数量，确定益生活水素的施用时机，及时补充水草、蚌肉或螺蛳，对交配与产卵情况做详细了解，做好各项记录。

4. 成熟亲虾的捕捞

由于亲虾的放养时间不同，在秋季管理上也存在一定的差别，成熟度显然不一致。若是在5月底6月初放养的亲虾，可在7～8月开始用虾笼捕捞亲虾，并检查雌虾的抱卵情况。一旦发现

有抱卵的雌虾，说明亲虾已成熟，可以用地笼开始集中捕捞，并做好亲虾的暂养与运输。

【小窍门】>>>>

小龙虾喜穴居，人工繁殖时，可利用水泥板、石棉瓦、废水管、竹筒、塑料瓶等设置人工巢穴，可减少虾的体力消耗，扩大空间，增加密度，提高产量。

二 亲虾产卵

1. 产卵池建设

亲虾产卵池一般为水泥池，水泥池建设场地宜选择在地势平坦、排水方便的陆地上，集中连片建设。每个水泥池面积 10 ~ 20m^2，池深 1m 为宜，池底按 1% 的坡比建设，按照低排高灌的原则，出水口设在最低的一端底部，进水口设在高端的上部，在池壁的中间 40cm 处设一溢水口。排水口和溢水口用 8 孔/cm（相当于 20 目）纱网布密封，进水口用 24 孔/cm（相当于 60 目）纱网布袋过滤。在连片的水泥池四周架设钢架，钢架高度 2 ~ 3m，根据水泥池的规模而定。钢架的顶端及四周敷设遮阳布（图 3-9）。水泥池消毒：水泥池建成后，用清水浸泡一周，在使用前用 20mg/L 浓度的高锰酸钾浸泡 2h 后，再行使用。在亲虾投放前一周，模拟黑暗洞穴，在水泥池四周用石棉瓦、竹筒、塑料筒等设置亲虾人工巢穴。塑料筒最简易的方法是，使用废弃的纯净水瓶，用剪刀剪去瓶口锥形部分，把瓶体部分再用黑色或蓝色的丝袜包裹，两个一组捆绑一起，就是一对很好的巢穴，人工巢穴塑料筒如图 3-10 所示，供亲虾交配、产卵。在水泥池中投放 1/3 面积的带根水花生，同时在池中投放 1/3 面积的凤眼莲。水花生、凤眼莲入池前应用清水洗净并用 10mg/L 浓度的漂白粉浸泡 10min 后投入池中。

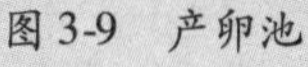

图 3-9 产卵池

图 3-10 人工巢穴塑料筒

2. 亲虾投放

（1）亲虾质量要求 按照亲虾标准认真选择，外购时应选择经检疫合格的亲虾。

（2）亲虾投放 8 月，在水泥池中投放亲虾，投放密度 20 ~ 30 尾/m^2；雌雄比例为 3:1。

（3）管理 每天投喂 1 次，尽量多投喂一些动物蛋白含量较高的饲料，如水蚯蚓、蚯蚓、螺蚌肉、鱼肉及屠宰场的下脚料等。并定期投放一些凤眼莲、水花生、眼子菜、轮叶黑藻、菹草等，供小龙虾摄食。保持水泥池的水质良好，定期加注新水，晚上开增氧机增氧，有条件的最好采取微流水的方式，一边从上部加进新鲜水，一边从底部排出老水。采用“控制光照、控制水温、控制水位、改善水质、加强投喂”五位一体的方法，人工诱导小龙虾亲虾进洞、交配、产卵。

三 抱卵虾的人工孵化

1. 水泥池孵化

（1）环境条件 每个水泥孵化池面积为 10m^2 左右，按 1% 的

坡比建设，出水口设在最低的一端底部，进水口设在高端的上部，在池壁的中间30cm处设一溢水口。排水口和溢水口用8孔/cm（相当于20目）纱网布密封，进水口用24孔/cm（相当于60目）纱网布袋过滤。在连片的水泥池四周架设钢架，钢架高度为2m～3mm。钢架的顶端及四周敷设遮阳布。进抱卵虾前一周移植凤眼莲，面积占水泥孵化池面积的1/3，凤眼莲入池前应用清水洗净并用10mg/L浓度的漂白粉浸泡10min后投入池中。

（2）孵化过程 雌虾产卵24h后，将抱卵虾用水桶、面盆等容器带水装运，小心移入孵化池孵化，每平方米投放抱卵虾20只左右（约5000粒卵）。保持水泥池内水质良好，水体溶氧量在5mg/L以上，保持微流并增氧。幼体孵出后，向孵化池中投放人工培育的单胞藻和轮虫。仔虾离开母体后，及时捕捞仔虾，转入幼虾池培育，刚孵出的仔虾如图3-11所示。

图3-11 刚孵出的仔虾

适宜孵化温度为22～28℃。水温在18～20℃时，孵化期为30～40天，水温在25℃时只需15～20天。稚虾孵化后在母体保护下完成幼虾阶段的生长发育过程。稚虾一离开母体，就能主动摄食，独立生活。

（3）孵化能力 $1000m^2$的水泥池繁殖场，在一个繁殖季节可生产幼虾1000万尾左右。如果水泥池面积缩小，则孵化能力相应降低，但人工更好控制。这种方法孵化的虾苗，个体整齐，成活率高，生长速度也较快。

2. 工厂化人工孵化

使用室内水容器进行工厂化繁殖小龙虾苗种，采用流水或充

气结合定期换水的方法，为虾苗生长发育提供良好的环境，可以进行高密度工厂化育苗。

（1）**育苗设施** 育苗设施主要有：室内孵化池、育苗池、供水系统、供气系统及应急供电设备等，工厂化人工孵化如图 3-12 所示。有条件的育苗厂也可建设室内亲虾暂养池及交配卵池等。繁殖池、育苗池的面积一般为 12～20m²，池水深 1m 左右，建有进、排水系统及供气设施，进、排水管道以塑料制品为好。繁殖池及育苗池的建设规模，应根据本单位生产规模及周边地区虾苗市场需求量而定。

图 3-12 工厂化人工孵化

（2）**抱卵虾投放及虾苗孵化** 工厂化育苗所用的亲虾为产卵池的小龙虾交配产卵后获得的抱卵虾。抱卵虾的选择标准以受精卵颜色深浅为依据，基本一致的作为同一批次，以保证人工孵化的幼体发育基本同步，从而使同池虾苗规格基本一致。抱卵虾可直接放入孵化池中，待获得虾苗后再捞起亲虾。最简便的方法是在孵化池中设置孵化网箱，网箱的网目大小以虾苗能自由进出为准，这样孵出的虾苗可直接进入孵化池觅食。放养量为每平方米放养抱卵虾 50 只左右。抱卵虾孵出蚤状幼体，吊挂于亲虾的腹部附肢上，蜕壳后成Ⅰ期幼虾。幼虾在 1cm 以内时由亲虾保护，亲虾通常保护幼虾 1 周的时间，因此，要及时捕出产空的亲虾。幼虾分散于池的底层，营底栖生活，进行虾苗培育。也可让抱卵虾在繁育池中集中孵化，然后将幼虾用网捕捞出，分散到育苗池中进行培育。将幼虾按每立方米水 2 万 ~3 万尾移到育苗池中培养。幼虾可用灯光、流水诱捕或排水网箱收集，在收集移苗过程中动作要轻、快，以防幼虾受伤影响发育及成活率。

3. 温室人工孵化

对于 10 月以后抱卵较晚的虾，由于气温很低，在自然条件下，往往当年不能孵出，如不采取措施，则要等到第二年 4 ~5 月才能孵出。因此，可采取温室孵化，确保当年出苗，温室孵化车间如图 3-13 所示。温室的建设，要从保温、避光、通风 3 个方面设计、建设。同时要搞好进、排水和增氧措施。

图 3-13 温室孵化车间

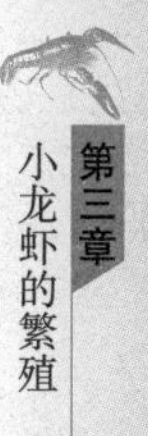

第四章
小龙虾的苗种培育

通过人工繁殖而获得刚离开母体的幼虾，体长大约在9～12mm，因其个体小、体质弱，对外界环境的适应能力及抵御、躲避敌害的能力都比较弱，成活率仅为20%～30%。将幼虾培育到2.5～3.0cm，再放入成虾养殖池中养殖，成活率可提高到80%以上。小龙虾苗种池可因地制宜作出选择，面积不宜过大，便于管理。可用水泥池、土池、稻沟等。

第一节　水泥池培育

一　水泥池条件

1. 面积和水深

水泥池的面积为8～24m²。池深1～1.2m，幼虾培育池水深应由0.3～0.5m，随幼虾的生长逐渐加深到0.6～1m。还可采用繁殖或孵化后的水泥池直接进行培育，培育时，应将雌雄亲虾移走，水草和石棉瓦留池继续使用。

2. 脱碱使用

新建的水泥池碱性过重，不可立即进水放苗，需经过脱碱处理后方可使用。简单的除碱方法是，先将池内注满水，每隔2～3

天换1次水，经过5~6次换水后，碱性即可消失。也可用浓度为10%的醋酸将水泥池表面洗刷1~2次，再注满水，浸泡4~5天即可。脱碱后的水泥池要经虾苗试水成功后才能正式使用。试水方法是，将10尾左右的小龙虾苗放入已注水的池中，24h后仍未见异常，说明该池可正常使用。

3. 水位控制和防逃设施

培育池要求内壁光滑，进、排水设施完备，池底有一定的倾斜度，并在出水口有集虾槽和水保持装置。水位保持装置可自行设计和安装，一般有内、外2种模式。设计在池内的可用内、外两层套管，内套管的高度与所希望保持的水位高度一致，起保持水位的作用。外套管高于内套管，底部有缺口，加水时让水质较差的底部水排出去，加进来的新鲜水不会被排走。设计在池外的，可将排水管竖起一定高度即可。水深保持在0.6~0.8m，上部进水，底部排水。放幼虾前水泥池要用漂白粉消毒。

4. 移植水草

小龙虾的生长一刻都不能离开水草。小龙虾幼虾在高密度饲养的情况下，易受到敌害生物及同类的攻击。因此，培育池中要移植和投放一定数量的沉水性及漂浮性水生植物，沉水性植物可用菹草、轮子叶黑藻、眼子菜等，将这些沉水性植物成堆用重物沉于水底，每堆1~2kg，每2~5m^2放一堆。漂浮性植物可用凤眼莲。这些水生植物提供幼虾攀爬、栖息和蜕壳时的隐蔽场所，还可作为幼虾的饲料，保证幼虾培育有较高的成活率。池中还可设置一些水平或垂直网片、竹筒、瓦片等物，增加幼虾栖息、蜕壳和隐蔽的场所。

二 水源要求

幼虾培育用水一般用河水、湖水，水源要充足，水质要清新无污染，符合国家颁布的渔业用水或无公害食品淡水水质标准。如果直接从河流和湖泊取水，则要抽取河流和湖泊的中上层水，并在取水时用20~40目的密网过滤，防止昆虫、小鱼虾及卵等敌害生物进入池中。

三 投放虾苗

1. 投放时间

小龙虾苗下塘时间为每年 9 ~ 10 月，在苗种投入的过程中应注意放养前先进行试水，检查水体毒性是否消除。

【提示】 包装、运输、投放幼虾时应避免离水操作，幼虾运到培育区应进行泡袋调温，温差不超过2℃。

2. 放养规格与密度

幼虾放养的密度与培育池条件密切相关。有增氧条件的水泥池，每平方米可放养刚离开母体的幼虾（规格为 0.8cm）1000 ~ 1500 尾。放苗时盛苗容器内的水温与池水水温差距不能超过 ±2℃，如小龙虾苗种用尼龙袋充氧运输，应采用双层尼龙袋充氧、带水运输。根据距离远近，每袋装幼虾 0.5 万 ~ 1.0 万尾。在放苗下池前应作“缓苗”处理，将充氧尼龙袋置于池内 20min，使充氧尼龙袋内外水温一致时，再把苗种缓缓放出。同一规格的虾苗进入同一虾池，规格相差较大的虾苗要进行分养，以防大吃小现象发生。

四 日常管理

水泥池的日常管理主要是投喂和水质条件的控制，每天应结合投喂巡视 4 ~ 5 次，并做好管理记录，定时向池中投喂浮游动物或人工饲料。水泥池水温适宜范围为 22 ~ 28℃，要保持水温的相对稳定，遇到高温天气，可使用遮阳布适当降温，遮阳布降温投喂如图 4-1 所示。

图 4-1 遮阳布降温投喂

浮游动物可从池塘或天然水域捞取，可投喂的人工饲料有磨碎的豆浆，或者用小鱼虾、螺蚌肉、蚯蚓、蚕蛹、鱼粉等动物性饲料，适当搭配玉米、小麦，粉碎混合成的糜状或加工成的软颗粒饲料。每天喂3～4次，日投喂量早期每万尾幼虾为0.20～0.30kg，白天投喂占日投喂量的40%，晚上占日投喂量的60%；以后按培育池虾体重的6%～10%投喂。具体投喂量要根据天气、水质和虾的摄食量灵活掌握。

在培育期间，要根据水泥池中污物、残饵及水质状况，定期排污、换水、增氧，保持良好的水质，使水中的溶氧量保持在5mg/L以上。培育幼虾的水泥池最好是有微流水条件，如果没有微流水条件，则白天换水1/4，晚上换水1/4，晚上开增氧机，整夜或间歇性充气增氧，防止虾苗浮头。

五 幼虾收获

幼虾在水泥池培育20～30天，即可长到3～5cm，就可起捕投放到成虾养殖水域中，如投放到池塘、稻田、沟渠中进行食用虾的养殖。幼虾收获的方法主要有两种，一是拉网捕捞法，二是放水收虾法。人工繁殖的虾苗如图4-2所示。

图4-2　人工繁殖的虾苗

1. 拉网捕捞

用一张柔软的丝质夏花鱼苗拉网，从水泥池的浅水端向深水端慢慢走即可。此种方法适合于面积比较大的水泥池。对于面积比较小的水泥池，可不用鱼苗拉网，直接用一张丝质网片，两人在培育池内用脚踩住网片底端，绷紧使网片一端贴底，另一端露

出水面，形成一面网兜墙，两人靠紧池壁，从水泥池的浅水端慢慢走向深水端即可。

【注意】抄网必须放在一个大水盆内，抄网边露出水面，这样随水流放出的幼虾才不会因水流的冲击力受伤。

2. 放水收虾

放水收虾的方法不论面积大小的水泥池都适用，方法是将水泥池的水放至仅淹住集虾槽，然后用抄网在集虾槽收虾。或者是用柔软的丝质抄网接住出水口，将水泥池的水完全放光，让幼虾随水流入抄网即可。

第二节 土池培育

一 土池条件

1. 面积大小

一般选择长方形的土池，面积 0.5 ~ 2 亩为好，不宜过大。土池设计为东西走向，减少池埂对阳光的遮挡，延长日光照射时间，促进浮游生物的光合作用。池埂坡度比为 1:3，长度与宽度比为 2:1 ~ 3:1，水深保持为 0.8 ~ 1.0m，土池底部要平坦，不要有太多淤泥，在土池的出水口一端要有 2 ~ $4m^2$ 面积的集虾坑，深约 0.5m，并要修建好进、排水系统和防逃设施。

2. 消毒培肥

放养虾苗前，土池要彻底消毒、清除敌害并培肥水质。方法是每亩用 100 ~ 150kg 生石灰化水全池泼洒。培肥池水，每亩施腐熟的人畜粪肥或草粪肥 300 ~ 500kg。培育幼虾喜食的天然饲料，如轮虫、枝角类、桡足类等浮游生物，小型底栖动物，周丛生物及有机碎屑。土池四周用 50 ~ 60cm 高的围网封闭，防止敌害生物进入。

3. 移植水草

小龙虾幼虾在高密度饲养的情况下，易受到敌害生物及同类

的攻击，因此，土池中要移植和投放一定数量的沉水性及漂浮性植物来相应增加虾苗的活动空间。沉水性植物可移植菹草、金鱼藻，轮叶黑藻、眼子菜，漂浮性植物可用凤眼莲，用竹子固定在土池的角落或池边，作为幼虾攀爬、栖息和蜕壳时的隐蔽场所，还可作为幼虾的饲料，保证幼虾培育有较高的成活率。池中还可设置一些水平和垂直网片，增加幼虾栖息、蜕壳和隐蔽的场所。

4. 水源和防逃

培育池一般用河水、湖水、水库水等作水源，水源充足、水质清新、无污染，要符合国家颁布的渔业用水或无公害食品淡水水质标准。进水口用 20 ~ 40 筛网过滤进水，防止昆虫、小鱼虾及卵等敌害生物随进水流进入池中危害虾苗。

二 幼虾放养

1. 放养密度

9 ~ 10 月投放幼虾，放养密度 200 ~ 400 尾/m^2，即每亩放养幼虾约 15 万 ~ 20 万尾。幼虾放养时，要注意同池中幼虾规格保持一致，体质健壮、无病无伤。

2. 放养时间

放养时间要选择在晴天早晨或傍晚；要带水操作，将幼虾投放在浅水水草区，投放时动作要轻、快，要避免使幼虾受伤。

3. 注意事项

放幼虾时还要注意土池的水温与运虾袋中的水温一致，不得超过 2℃。如果相差过大，要经过“缓苗”过程。

三 日常管理

1. 定期追肥

小龙虾幼虾放养后，饲养前期要适时向土池内追施发酵过的有机草粪肥，培肥水质，培育枝角类和桡足类浮游动物，为幼虾提供充足的天然饲料。

2. 科学投喂

饲养前期每天投喂 3 ~ 4 次，投喂的种类以鱼肉糜、绞碎的

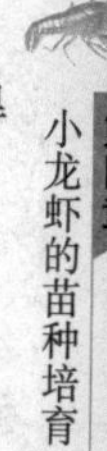

螺蛙肉或从天然水域捞取的枝角类和桡足类为主，也可投喂屠宰场和食品加工厂的下脚料、人工磨制的豆浆等。投喂量以每万尾幼虾0.15～0.20kg，沿池边多点片状投喂。饲养中、后期要定时向池中投施腐熟的草粪肥，一般每半个月1次，每次每亩100～150kg。每天投喂2～3次人工饲料，可投喂的人工饲料有磨碎的豆浆，或者用小鱼虾、螺蚌肉、蚯蚓、蚕蛹等动物性饲料，适当搭配玉米、小米和鲜嫩植物茎叶，粉碎混合成的糜状或加工成的软颗粒饲料，日投喂量为每万尾幼虾0.30～0.50kg，或按幼虾体重的4%～8%投喂，白天投喂占日投喂量的40%，晚上占日投喂量的60%。具体投喂量要根据天气、水质和虾的摄食量灵活掌握。

3. 调节水质

培育过程中，要保持水质清新，溶氧充足。土池要每5～7天加水1次，每次加水量为原池水的1/5～1/3，保持池水“肥、活、嫩、爽”，溶氧量在5mg/L；在每15天左右泼洒1次生石灰水，浓度为每立方米3～5g，进行池水水质调节和增加池水中离子钙的含量，提供幼虾在蜕壳生长时所需的钙质。土池水温适宜范围为22～28℃，要保持水温的相对稳定。在适宜的条件下，幼虾培育到3cm左右，需要经3～6次生长蜕壳。

4. 防逃、防敌害

每天巡塘2～3次，注意观察小龙虾的活动、摄食及生长情况。要注意水质的变化和清除田鼠等敌害生物。要保持环境安静，否则影响虾吃食及生长。检查防逃设施有无破损。

四 虾苗采集

1. 采集时间

幼虾生长速度快，经过20～30天培育，幼虾体长达3cm左右，即可将幼虾捕捞起来，转到成虾池饲养或出售虾苗。

2. 采集工具和方法

捕捞可用拉网捕捞，用一张柔软的丝质夏花鱼苗拉网，从土

池的浅水端向深水端慢慢拖曳。也可用地笼捕捞。一般1~2h就要把虾苗倒出来，以防密度过大，造成虾苗窒息死亡。

第三节　稻田培育

利用稻田基本条件，布置好防逃设施，投放刚离开母体的虾苗，依靠稻田本身的天然饲料，经过30天左右的饲养，就可将规格为0.8~1.2cm的虾苗培育成全长为3~5cm的虾种，这是一种获得小龙虾苗种最直接、最简便、效益最高、使用最为广泛的方法，稻田培育小龙虾苗种如图4-3所示。

图4-3　稻田培育小龙虾苗种

一　稻田准备

1. 培育区建设

在稻田围沟中用20目的网片围造一个幼虾培育区，每亩培育区培育的幼虾可供20亩稻田养殖。

2. 水位控制

稻田围沟水深应为0.3~0.5m，并保持相对稳定的状态，为虾苗提供活动场所。

3. 移植水草

水草包括沉水植物（菹草、眼子菜、轮叶黑藻等）和漂浮植物（凤眼莲、水花生等）两部分，沉水植物面积应为培育池面积的50%~60%，漂浮植物面积应为培育池面积的40%~50%且用竹框固定。

4. 培肥水质

幼虾投放前7天，应在培育区施经发酵腐熟的农家肥（如鸡

粪、牛粪、猪粪等)，每亩用量为 100～150kg，为幼虾培育适口的天然饲料生物。

二 幼虾投放

1. 投放时间

当年 9～10 月投放离开母体的幼虾，投放应在晴天早晨、傍晚或阴天进行，避免阳光直射、高温和长途运输，减少其体力消耗。

2. 放养密度

应主要根据稻田饲料生物密度和种类来确定，一般每亩投放规格为 0.8～1.2cm 的幼虾 15 万～20 万尾。

3. 运输方法

幼虾采用双层尼龙袋充氧、带水运输。根据距离远近，每袋装幼虾 0.5 万～1.0 万尾。

三 幼虾培育阶段的饲养管理

1. 投饲

幼虾投放第一天即投喂鱼糜、绞碎的螺蚌肉、屠宰厂的下脚料等动物性饲料（以下简称“动物性饲料”)。饲料应符合《饲料卫生标准》（GB 13078—2001）和《无公害食品　渔用配合饲料安全限量》（NY 5072—2002）的规定。每日投喂 3～4 次，除早上、下午和傍晚各投喂 1 次外，有条件的宜在午夜增投 1 次。日投喂量一般以幼虾总重的 5%～8% 为宜，具体投喂量应根据天气、水质和虾的摄食情况灵活掌握。日投喂量的分配如下：早上 20%，下午 20%，傍晚 60%；或早上 20%，下午 20%，傍晚 30%，午夜 30%。

2. 巡池

早晚巡池，观察水质等变化。在幼虾培育期间，水体透明度应为 30～40cm。水体透明度用加注新水或施肥的方法调控。经 15～20 天的培育，幼虾规格达到 2.0cm 后即可撤掉围网，让幼虾自行爬入稻田，转入成虾稻田养殖。

第四节 质量鉴别及提高成活率的措施

一 小龙虾苗种质量鉴别

1. 影响苗种质量的因素

（1）育苗环境 环境恶化、水质不达标，导致虾苗生长缓慢、体质下降、体内毒素富集。

（2）近亲繁殖 造成种质退化。

> 【经验】 小龙虾苗种壳软，稍受挤压就会使内脏受伤导致死亡，受挤压的虾苗不会立刻死亡，但在1周内会陆续死亡。应就地取材，运输时避免挤压、阳光直射和风吹。

（3）饲料营养不全 导致虾苗生长缓慢、头大尾小、体质下降。

（4）育苗的密度不适宜 导致小龙虾体质不强、规格不齐。

（5）渔药或农药 导致药物残留超标，影响食品安全。

2. 苗种质量鉴别方法

（1）看体色 好的小龙虾苗群体色素相同，体色鲜艳有光泽，差的虾苗往往体色暗淡。

（2）看活动能力 将虾苗捕起放在容器内，活蹦乱跳的为好的虾苗，行动迟缓的为差的虾苗。

（3）看群体组成 好的虾苗规格整齐，身体健壮，光滑而不带泥，游动活泼；差的虾苗规格参差不齐，个体偏瘦，有些身上还沾有污泥。

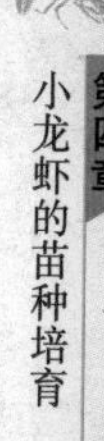

二 提高苗种成活率

1. 影响苗种成活率的因素

近几年，随着小龙虾养殖业的升温，养殖从业人员越来越多，虽然已经积累了丰富的养殖经验，但是，苗种培育的成活率和单位面积产量仍是制约小龙虾产业的瓶颈。生产中发现，小龙虾苗种的成活率与其下塘时的个体大小、操作技术和运输方式有密切关系。体长1.5～2cm的虾苗，如采取氧气袋运输，则成活

率很高，可以达到90%以上；如采取干法运输，则死亡率很高，可以达到80%。体长3～5cm的虾苗，只能采取干法运输，但如果捕捞操作不当、虾苗装的太多、运输时间过长、水体温差过大等都会引起虾苗大量死亡。

2. 提高苗种成活率的措施

（1）改善捕捞操作方法 人工繁育的虾苗，在捕捞时要用质地柔软的网具从高处往低处慢慢拖曳，如果是采取放水纳苗的方法，则要在接苗处设置网箱并且控制水的流速；如果采取地笼捕捞，则要每1～2h就要把虾苗倒出来，以防密度过大，造成虾苗窒息死亡。

（2）选择恰当的容器和适当的运输方式 个体为1.5～2cm的虾苗，尽量采取氧气袋运输，3～5cm的虾苗则采用干法运输。运输时可用泡沫箱或塑料筐装运，但要尽量少装。运输时间要尽量短，一般不能超过2h。

（3）虾苗投放操作技术要规范 在投放虾苗时，要将容器浸入投放池水中再提起，然后再放入，反复2～3次，以调节温差。投放时要分散投放在水体有草的地方。

第五章 稻田养殖小龙虾

我国是农业大国，提高农业生产效率、增加农民人均收入是发展现代农业、建设美丽中国的时代主题。同时，随着我国人口的不断增长、耕地面积的基本稳定、工业化和城镇化的逐步推进、规模化和集约化的生产方式转变，粮食安全、食品安全和生态安全成为全体国民高度关注的焦点。

发展稻田综合种养可以充分利用有限的稻田资源，将水稻、水产两个农业产业有机结合，通过资源循环利用，减少农药用量，达到水稻、水产品同步增产，渔民、农民收入持续增加之目的，从而实现“1 + 1 = 5”的良好效果，即“水稻 + 水产 = 粮食安全 + 食品安全 + 生态安全 + 农业增效 + 农民增收”。

近年来，一批以特种经济品种为主导，以标准化生产、规模化开发、产业化经营为特征的稻田综合种养新模式不断涌现，在经济、社会、生态等方面取得显著成效，得到了种稻农民的积极响应。稻田养殖小龙虾就是稻田综合种养的典型代表之一。

第一节　稻田养虾模式介绍

稻田养殖小龙虾，是利用水稻的浅水环境，加以人工改造，既种稻又养虾，立体综合种养，以提高稻田复种指数和单位面积经济效益的一种生产形式。稻田饲养小龙虾可为稻田除草、除害虫，少施化肥、少喷农药，稻谷的秸秆可以作为小龙虾的饲料，既增加了小龙虾的产量，又有效解决了秸秆焚烧造成环境污染。还可使水稻产量增加 8% ~ 10%，同时每亩能增产小龙虾 80 ~ 200kg。

【误区】 小龙虾在稻田里生长会破坏田埂，毁坏秧苗，严重影响稻谷产量。

事实证明：只要进行稻田合理改造，实行科学管理，是完全可以避免的。

稻田养虾由低到高有三种模式即虾稻连作（一稻一虾，稻虾轮作）、虾稻共作（一稻两虾，虾稻一体，强调人为作用）和虾稻共生（一稻两虾，虾稻一体，强调自然状态）。

2001 年湖北省潜江市农民首创小龙虾与中稻轮作（简称虾稻连作）模式。这种模式是利用低湖撂荒稻田，开挖简易围沟放养小龙虾种虾，使其自繁自养的一种综合养殖方式。这种模式的主要特点是种一季中稻养一季小龙虾，亩产小龙虾达 100kg 左右。2012 年，潜江市又创新发展了虾稻共作模式。这种模式变过去“一稻一虾”为“一稻两虾”，延长了小龙虾在稻田的生长期，实现了一田两季、一水两用、一举多赢、高产高效的目的，在很大程度上提高了经济效益、社会效益和生态效益。提高了复种指数、增加了单位产出、拓宽了农民增收渠道，既保证了国家粮食安全，又大幅增加了农民收入，亩产小龙虾 200kg 左右。虾稻共生是稻田养殖的最高境界。即完全通过稻田生物、腐殖质和有机碎屑等养殖小龙虾，完全通过小龙虾和混养水生动物排泄的粪便作为有机肥料生产稻谷，同时为稻田除草、灭虫等维护稻田生态，达到小龙虾和稻谷同生共长的生态种养目的。其生产出的小龙虾和稻谷等产品都可达到绿色或有机食品的标准。这是一种理想的生态模式，要实现这一目标还有一个较长的过程。稻田物质能量循环示意图如图 5-1 所示。

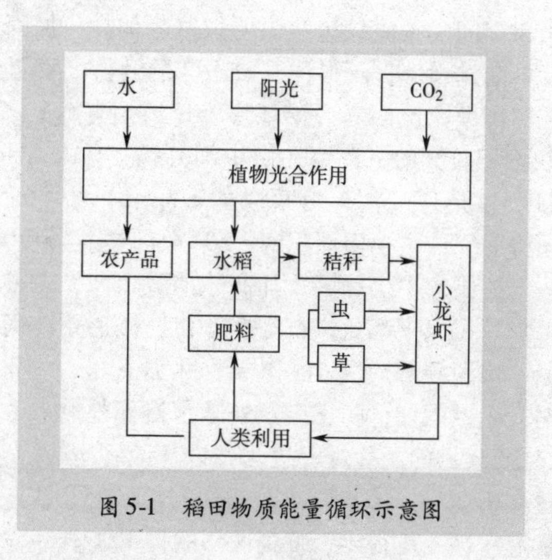

图 5-1 稻田物质能量循环示意图

第二节 虾稻连作

所谓虾稻连作（即克氏原螯虾与中稻轮作）是指在中稻田里种一季中稻后，接着养一季小龙虾的一种种养模式。具体地说，就是每年的 8 月至 9 月中稻收割前投放亲虾，或 9 月至 10 月中稻收割后投放幼虾，第二年的 4 月中旬至 5 月下旬收获成虾，5 月底、6 月初整田、插秧，如此循环轮替的过程。

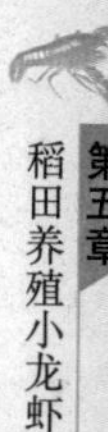

一 稻田工程建设

1. 养虾稻田的选择

选择水质良好、水量充足、周围没有污染源、保水能力较强、排灌方便、不受洪水淹没的田块进行稻田养虾，面积少则十几亩，多则几十亩、上百亩都可，面积大比面积小要好。

【经验】 虾稻连作需要开挖围沟，早放虾种早捕捞，规模不大且不集中连片的稻田，要建设防逃设施。

2. 田间工程建设

养虾稻田田间工程建设包括田埂加宽、加高、加固，进排水口设置过滤、防逃设施，环形沟、田间沟的开挖，安置遮阴棚等工程。沿稻田田埂内侧四周开挖环形养虾沟，沟宽1～1.5m，深0.8m，田块面积较大的，还要在田中间开挖“十”字形、“井”字形或“日”字形田间沟，田间沟宽0.5～1m，深0.5m，环形虾沟和田间沟面积约占稻田面积的3%～6%左右。利用开挖环形虾沟和田间沟挖出的泥土加固、加高、加宽田埂，平整田面，田埂加固时每加一层泥土都要进行夯实，以防以后雷阵雨、暴风雨时田埂坍塌。田埂顶部应宽2m以上，并加高0.5～1m。排水口要用铁丝网或栅栏围住，防止小龙虾随水流而外逃或敌害生物进入。进水口用20目的网片过滤进水，以防敌害生物随水流进入。进水渠道建在田埂上，排水口建在虾沟的最低处，按照高灌低排格局，保证灌得进、排得出，虾稻连作的稻田如图5-2所示。

图5-2　虾稻连作的稻田

二 放养前的准备工作

1. 清沟消毒

放虾前10～15天，清理环形虾沟和田间沟，除去浮土，修正垮塌的沟壁。每亩稻田环形虾沟用生石灰20～50kg，或选用其他药物，对环形虾沟和田间沟进行彻底清沟消毒，杀灭野杂鱼类、敌害生物和致病菌。

2. 施足基肥

放虾前7~10天，在稻田环形沟中注水20~40cm，然后施肥培养饲料生物。一般结合整田每亩施有机农家肥100~500kg，均匀施入稻田中。农家肥肥效慢、肥效长，施用后对小龙虾的生长无影响，还可以减少日后施用追肥的次数和数量，因此，稻田养殖小龙虾最好施有机农家肥，一次施足。

3. 移栽水生植物

环形虾沟内栽植轮叶黑藻、金鱼藻、眼子菜等沉水性水生植物，在沟边种植蕹菜，在水面上浮植凤眼莲等。但要控制水草的面积，一般水草占环形虾沟面积的40%~50%，以零星分布为好，不要聚集在一起，这样有利于虾沟内水流畅通无阻塞。

4. 过滤及防逃

进排水口要安装竹箔、铁丝网及网片等防逃、过滤设施，严防敌害生物进入或小龙虾随水流逃逸。

三 小龙虾的放养

要一次放足虾种，分期分批轮捕。虾稻连作，在小龙虾的放养上有两种模式。

1. 放种虾模式

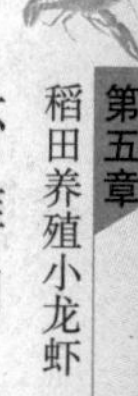

第一年的8~9月，在中稻收割之前1个月左右，往稻田的环形虾沟中投放经挑选的小龙虾亲虾。投放量为每亩20~30kg，雌雄比例3:1。小龙虾亲虾投放后不必投喂，亲虾可自行摄食稻田中的有机碎屑、浮游动物、水生昆虫、周丛生物及水草。

在投放种虾这种模式中，小龙虾亲虾的选择很重要。选择小龙虾亲虾的标准如下：

1）颜色为暗红或黑红色、有光泽、体表光滑无附着物。

2）个体大，雌雄个体重都要在35g以上，最好雄性个体大于雌性个体。

3）亲虾雌雄个体都要求附肢齐全、无损伤，体格健壮、活动能力强。

4）亲虾离水时间要尽可能短。

2. 放幼虾模式

每年的9~10月当中稻收割后，用木桩在稻田中营造若干深10~20cm的人工洞穴并立即灌水。往稻田中投施腐熟的农家肥，每亩投施量为100~300kg，均匀地投撒在稻田中，没于水下，培肥水质。往稻田中投放离开母体后的幼虾1.0万~1.5万尾，在天然饲料生物不丰富时，可适当投喂一些鱼肉糜、绞碎的螺、蚌肉及动物屠宰场和食品加工厂的下脚料等，也可人工捞取枝角类、桡足类，每亩每日可投500~1000g或更多，人工饲料投在稻田沟边，沿边呈多点块状分布。

上述两种模式，稻田中的稻草尽可能多的留置在稻田中，呈多点堆积并没于水下浸沤。整个秋冬季，注重投肥，培肥水质。一般每个月施1次腐熟的农家粪肥。天然饲料生物丰富的可不投饲料。当水温低于12℃，可不投喂。冬季小龙虾进入洞穴中越冬，到第二年的2~3月水温适合小龙虾时，要加强投草、投肥，培养丰富的饲料生物，一般每亩每半个月投1次水草，约100~150kg，每个月投1次发酵的猪牛粪，约100~150kg。有条件的每日还应适当投喂1次人工饲料，以加快小龙虾的生长。可用的饲料有饼粕、谷粉，砸碎的螺、蚌肉及动物屠宰场的下脚料等，投喂量以稻田存虾重量的2%~6%加减，傍晚投喂。人工饲料、饼粕、谷粉等在养殖前期每亩投量在500g左右，养殖中后期每亩可投1000~1500g；螺、蚌肉可适当多投。4月中旬用地笼开始捕虾，捕大留小，一直至5月底、6月初中稻田整田前，彻底干田，将田中的小龙虾全部捕起。

四 田间管理

每天早晨和傍晚坚持巡田，观察沟内水色变化和虾的活动、吃食、生长情况。田间管理的主要工作为晒田、稻田施肥、水稻施药、防逃、防敌害等。

1. 晒田

水稻晒田宜轻烤，不能完全将田水排干。水位降低到田面露出即可，而且时间不宜过长。晒田时小龙虾进入虾沟内，如发现小龙虾有异常反应时，则要立即注水。

2. 稻田施肥

稻田基肥要施足，应以施腐熟的有机农家肥为主，在插秧前一次施入耕作层内，达到肥力持久长效的目的。追肥一般每月 1 次，可根据水稻的生长期及生长情况施用生物复合肥 10kg/亩，或用人、畜类堆制的有机肥，对小龙虾无不良影响。施追肥时最好先排浅田水，让虾集中到环沟、田间沟之中，然后施肥，使追肥迅速沉积于底层田泥中，并被田泥和水稻吸收，随即加深田水至正常深度。

【提示】 稻田施肥禁用对小龙虾有害的化肥，如氨水和碳酸氢氨等。

3. 水稻施药

小龙虾对许多农药都很敏感，稻田养虾的原则是能不用药时坚决不用，需要用药时则选用高效低毒的无公害农药和生物制剂。施农药时要注意严格把握农药安全使用浓度，确保虾的安全，并要求喷药于水稻叶面，尽量不喷入水中，而且最好分区用药。分区用药的含义是将稻田分成若干个小区，每天只对其中一个小区用药。一般将稻田分成两个小区，交替轮换用药，在对稻田的一个小区用药时，小龙虾可自行进入另一个小区，避免受到伤害。水稻施用药物，应避免使用含菊酯类和有机磷类的杀虫剂，以免对小龙虾造成危害。喷雾水剂宜在下午进行，因为稻叶下午干燥，大部分药液会吸附在水稻上。同时，施药前田间加水深至 20cm，喷药后及时换水。

4. 防逃、防敌害

每天巡田时检查进出水口筛网是否牢固，防逃设施是否损坏。汛期防止洪水漫田，发生逃虾的事故。巡田时还要检查田埂

是否有漏洞，防止漏水和逃虾。

稻田饲养小龙虾，其敌害较多，如蛙、水蛇、黄鳝、肉食性鱼类、水老鼠及一些水鸟等，除放养前彻底用药物清除外，进水口进水时要用20目纱网过滤；平时要注意清除田内敌害生物，有条件的可在田边设置一些彩条或稻草人，以便恐吓、驱赶水鸟。

五 收获上市

稻田饲养小龙虾，只要一次放足虾种，经过2~3个月的饲养，就有一部分小龙虾能够达到商品规格。长期捕捞、捕大留小是降低成本、增加产量的一项重要措施。将达到商品规格的小龙虾捕捞上市出售，未达到规格的继续留在稻田内养殖，降低稻田中小龙虾的密度，促进小规格的小龙虾快速生长。

在稻田捕捞小龙虾的方法很多，可采用虾笼、地笼（图5-3）及抄网等工具进行捕捞，最后可采取干田捕捞的方法。在4月中旬至5月下旬，采用虾笼、地笼起捕，效果较好。下午将虾笼和地笼置于稻田虾沟内，每天清晨起笼收虾。最后在整田插秧前排干田水，将虾全部捕获。

图5-3　捕获上市

六 虾稻连作实例

开稻田养虾先河的是湖北潜江农民刘主权。

2000年，积玉口镇宝湾村农民刘主权承包了村里无人要的“水泡田”76亩，这块田由于地势低洼，无论春夏秋冬都有积水，因此无人敢承包。他考虑到不能将农田荒芜了，就自告奋勇地包了下来。当年水稻收割后，由于那年冬季雨水较多，因此田里在冬闲季节一直保持比较深的水。第二年4月，他发现稻田里有很多小龙虾，就用虾笼捕捞，哪知一捕就是2500kg小龙虾，竟意外收获3000余元。稻田里的小龙虾竟比田边的沟渠中还多。他想：稻田中能捕到大量的小龙虾，说明稻田里很适合小龙虾的生长繁殖，何不在稻田里养殖小龙虾？于是他开始了虾稻连作的探索。2001年9月，当他田里的稻谷收获后，立即灌水放虾，共投放亲虾350kg，第二年5月果然收获商品小龙虾5000kg，亩产虾达到75kg，是先一年收获虾的2倍，为了进一步提高单产量，2002年他采取了两条措施：一是增加放养量，每亩投10kg亲虾；二是早期尽量灌深水，一开始就将稻蔸淹没，而在高温的4~5月，为便于捕捞又将水关得较小。结果在第二年捕虾时，虾的产量不但没有提高，反而有所下降，且中、小虾居多，全年仅起捕虾不足4000kg。问题出在哪里，经过与技术人员反复分析，终于弄清了失败的原因：一是初期和早春灌水太深，一方面稻蔸急剧腐败使水质变坏，另一方面早春水位过深，不利于提高水温；二是4、5月水位又保持得比较浅，水温较高，导致小龙虾提前硬壳，影响了小龙虾的生长，问题找出来了。2004年，他的田里养虾总产量达8750kg，亩产量达125kg；2005年，产量又有进一步提高，总产达到9425kg，亩产达到132.5kg，虾稻总收入达到16.4万元，获纯利12万元以上。

第三节　虾稻共作

一　虾稻共作模式

虾稻共作模式是在“虾稻连作”基础上发展而来的，“虾稻共作”变过去“一稻一虾”为“一稻两虾”，延长了小龙虾在稻田的生长期，实现了一季双收，在很大程度上提高了养殖

> 【提示】　虾稻共作需要早放虾种，做好两次捕捞并及时补足虾种，投喂人工饲料。

产量和效益。此外，虾稻共作模式还有很大延伸发展空间，如虾鳖稻、虾蟹稻、虾鳅稻等养殖模式。不仅提高了复种指数，增加了单位产出，而且拓宽了农民增收渠道，是一种更先进的养殖模式，虾稻共作如图 5-4 所示。

图 5-4　虾稻共作

虾稻共作是属于一种种养结合的养殖模式，即在稻田中养殖小龙虾并种植一季中稻，在水稻种植期间小龙虾与水稻在稻田中同生共长。具体地说，就是每年的 8 月至 9 月中稻收割前投放亲虾，或 9 月至 10 月中稻收割后投放幼虾，第二年的 4 月中旬至 5 月下旬收获成虾，同时补投幼虾，5 月底、6 月初整田、插秧，8、9 月收获亲虾或商品虾，如此循环轮替的过程（图 5-5）。

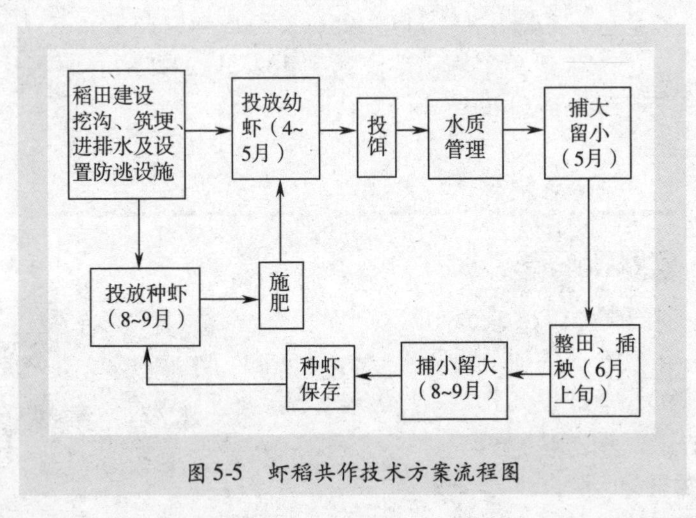

图 5-5　虾稻共作技术方案流程图

二 稻田环境条件

1. 稻田要求

养虾稻田应是生态环境良好、远离污染源、不含沙土、保水性能好的稻田，并且水源充足、排灌方便、不受洪水淹没。面积大小不限，一般以40亩为宜。

2. 稻田布局

虾稻共作基地应连片集中建设，按照科学、适用、美观的指导思想和资源利用、效益联动的原则，科学规划、合理布局。一般每40亩左右稻田为一个建设单元，每两个单元为一个承包体。在两个单元之间建造$50m^2$左右的生产用房，生产用房两端为稻田机械通道。虾稻共作建设工程平面示意图如图5-6所示。

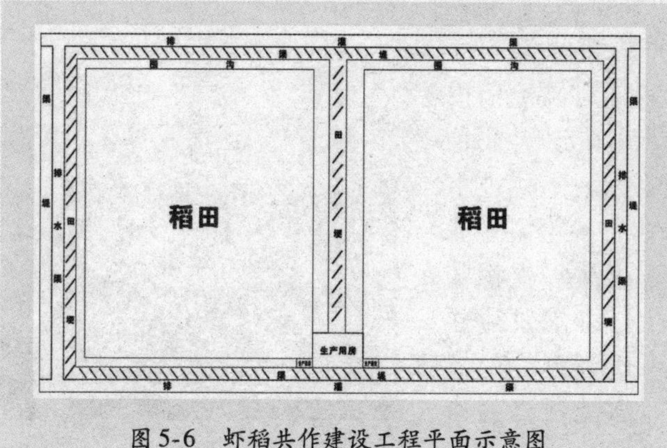

图5-6 虾稻共作建设工程平面示意图

3. 稻田改造

（1）挖沟 沿稻田田埂外缘向稻田内7~8m处，开挖环形沟，堤脚距沟2m开挖，沟宽3~4m，沟深1~1.5m。稻田面积达到100亩的，还要在田中间开挖“十”字形田间沟，沟宽1~2m，沟深0.8m，虾稻共作建设工程剖面图如图5-7所示。

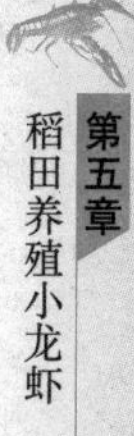

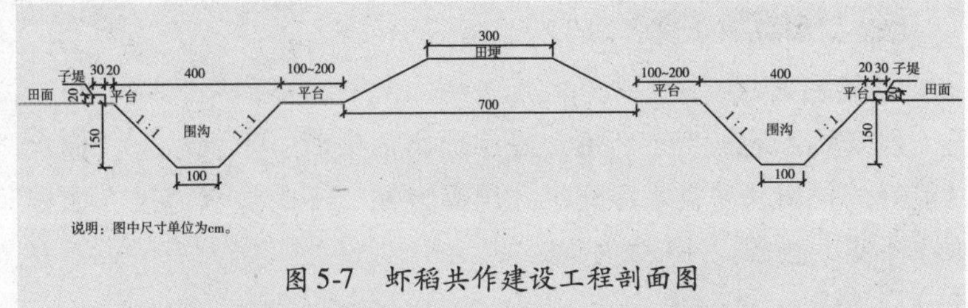

图 5-7　虾稻共作建设工程剖面图

(2) 筑埂　利用开挖环形沟挖出的泥土加固、加高、加宽田埂。田埂加固时每加一层泥土都要进行夯实，以防渗水或暴风雨使田埂坍塌。田埂应高于田面 0.6 ~ 0.8m，埂宽 5 ~ 6m，顶部宽 2 ~ 3m。

(3) 防逃设施　稻田排水口和田埂上应设防逃网。排水口的防逃网应为 8 孔/cm（相当于 20 目）的网片，田埂上的防逃网应用水泥瓦作材料，防逃网高 40cm。

(4) 进排水设施　进排水口分别位于稻田两端，进水渠道建在稻田一端的田埂上，进水口用 20 目的长网袋过滤进水，防止敌害生物随水流进入。排水口建在稻田另一端环形沟的低处。按照高灌低排的格局，保证水灌得进、排得出。虾稻共作稻田改造图如图 5-8 所示。

图 5-8　虾稻共作稻田改造图

4. 移栽植物和投放有益生物

虾沟消毒 3 ~ 5 天后，在沟内移栽水生植物，如轮叶黑藻、马来眼子菜、水花生等，栽植面积控制在 10% 左右。在虾种投放前后，沟内再投放一些有益生物，如水蚯蚓（投 0.3 ~

0.5kg/m^2)、田螺(投 8～10 个/m^2),河蚌(放 3～4 个/m^2)等。既可净化水质,又能为小龙虾提供丰富的天然饲料。

三 养殖模式

1. 投放亲虾养殖模式

初次养殖的 8 月底至 9 月,往稻田的环形沟和田间沟中投放亲虾,每亩投放 20～30kg,已养的稻田每亩投放 5～10kg。

(1) 亲虾的选择 按亲虾的标准进行选择,参考小龙虾人工繁殖。

(2) 亲虾来源 亲虾应从养殖场和天然水域挑选。

(3) 亲虾运输 挑选好的亲虾用不同颜色的塑料虾筐按雌雄分装,每筐上面放一层水草,保持潮湿,避免太阳直晒,运输时间应不超过 10h,运输时间越短越好。

(4) 种植水草 亲虾投放前,环形沟和田间沟应移植 40%～60% 面积的漂浮植物。

(5) 亲虾投放 亲虾按雌、雄比例 2:1～3:1 投放。投放时将虾筐反复浸入水中 2～3 次,每次 1～2min,使亲虾适应水温,然后投放在环形沟和田间沟中。

2. 投放幼虾养殖模式

投放幼虾模式有两种,一是 9～10 月投放人工繁殖的虾苗,每亩投放规格为 2～3cm 的虾苗 1.5 万尾左右;二是在 4～5 月投放人工培育的幼虾,每亩投放规格为 3～4cm 的幼虾 1 万尾左右。

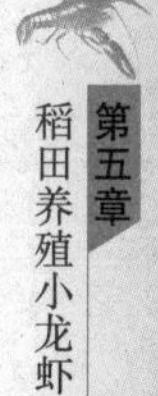

四 饲养管理

1. 投饲

8 月底投放的亲虾除自行摄食稻田中的有机碎屑、浮游动物、水生昆虫、周丛生物及水草等天然饲料外,宜少量投喂动物性饲料,每日投喂量为亲虾总重的 1%。12 月前每月宜投 1 次水草,施 1 次腐熟的农家肥,水草用量为 150kg/亩,农家肥用量为每亩 100～150kg。每周宜在田埂边的平台浅水处投喂 1 次动物性饲料,投喂量一般以虾总重量的 2%～5% 为宜,具体投喂量应根据气候

和虾的摄食情况进行调整。当水温低于12℃时，可不投喂。第二年3月，当水温上升到16℃以上，每个月投2次水草，施1次腐熟的农家肥，水草用量为100～150kg/亩，农家肥用量为50～100kg/亩，每周投喂1次动物性饲料，用量为0.5～1.0kg/亩。每日傍晚还应投喂1次人工饲料，投喂量为稻田存虾重量的1%～4%。可用的饲料有饼粕、麸皮、米糠、豆渣等。

2. 经常巡查，调控水深

11～12月保持田面水深30～50cm，随着气温的下降，逐渐加深水位至40～60cm。第二年的3月水温回升时用调节水深的办法来控制水温，促使水温更适合小龙虾的生长。调控的方法是：晴天有太阳时，水可浅些，让太阳晒水以便水温尽快回升；阴雨天或寒冷天气，水应深些，以免水温下降。

3. 防止敌害

稻田的肉食性鱼类（如黑鱼、鳝、鲶鱼等）、老鼠、水蛇、蛙类、各种鸟类及水禽等均能捕食小龙虾。为防止这些敌害动物进入稻田，要求采取措施加以防备，如对肉食性鱼类，可在进水过程中用密网拦滤，将其拒于稻田之外；对鼠类，应在稻田埂上多设些鼠夹、鼠笼加以捕猎或投放鼠药加以毒杀；对于蛙类的有效办法是在夜间加以捕捉；对于鸟类、水禽等，主要办法是进行驱赶。

五 水稻栽培

1. 水稻品种选择

养虾稻田一般只种一季中稻，水稻品种要选择叶片开张角度小、抗病虫害、抗倒伏且耐肥性强的紧穗型品种。

2. 稻田整理

稻田整理时，田间还存有大量小龙虾，为保证小龙虾不受影响，建议一是采用稻田免耕抛秧技术，所谓“免耕”，是指水稻移植前稻田不经任何翻耕犁耙；二是采取围埂办法，即在靠近虾沟的田面，围上一周高30cm，宽20cm的土埂，将环沟和田面分隔开，以利于田面整理。要求整田时间尽可能短，以免沟中小龙

虾因长时间密度过大而造成不必要的损失。

3. 施足基肥

对于养虾1年以上的稻田，由于稻田中已存有大量稻草和小龙虾，腐烂后的稻草和小龙虾粪便为水稻提供了足量的有机肥源，一般不需施肥。而对于第一年养虾的稻田，可以在插秧前的10～15天，每亩施用农家肥200～300kg，尿素10～15kg，均匀撒在田面并用机器翻耕耙匀。

4. 秧苗移植

秧苗一般在6月中旬开始移植，采取浅水栽插，条栽与边行密植相结合的方法，养虾稻田宜推迟10天左右。无论是采用抛秧法还是常规栽秧，都要充分发挥宽行稀植和边坡优势技术，移植密度以30cm×15cm为宜，以确保小龙虾生活环境通风透气性能好。

六 稻田管理

1. 水位控制

稻田水位控制基本原则是：平时水沿堤，晒田水位低，虾沟为保障，确保不伤虾。具体为：3月，为提高稻田内水温，促使小龙虾尽早出洞觅食，稻田水位一般控制在30cm左右；4月中旬以后，稻田水温已基本稳定在20℃以上，为使稻田内水温始终稳定在20～30℃之间，以利于小龙虾生长，避免提前硬壳老化，稻田水位应逐渐提高至50～60cm；越冬期前的10～11月，稻田水位以控制在30cm左右为宜，这样既能够让稻蔸露出水面10cm左右，使部分稻蔸再生，又可避免因稻蔸全部淹没水下，导致稻田水质过肥缺氧，而影响小龙虾的生长；越冬期间，要适当提高水位进行保温，一般控制在40～50cm之间。

2. 合理施肥

为促进水稻稳定生长，保持中期不脱力，后期不早衰，群体易控制，在发现水稻脱肥时，建议施用既能促进水稻生长、降低水稻病虫害，又不会对小龙虾产生有害影响的生物复合肥（具体施用量参照生物复合肥使用说明）。其施肥方法是：先排浅田水，

让虾集中到环沟中再施肥，这样有助于肥料迅速沉淀于底泥并被田泥和禾苗吸收，随即加深田水至正常深度；也可采取少量多次、分片撒肥或根外施肥的方法。严禁使用对小龙虾有害的化肥，如氨水和碳酸氢铵等。

3. 科学晒田

晒田总体要求是轻晒或短期晒，即晒田时，使田块中间不陷脚，田边表土不裂缝和发白。田晒好后，应及时恢复原水位，尽可能不要晒得太久，以免导致环沟小龙虾密度因长时间过大而产生不利影响。

七 收获上市

1. 成虾捕捞

(1) 捕捞时间 第一季捕捞时间从4月中旬开始，到5月中下旬结束。第二季捕捞时间从8月上旬开始，到9月底结束。

(2) 捕捞工具 捕捞工具主要是地笼。地笼网眼规格应为2.5~3.0cm，保证成虾被捕捞，幼虾能通过网眼跑掉。成虾规格宜控制在30g/尾以上。

(3) 捕捞方法 虾稻共作模式中，成虾捕捞时间至为关键，为延长小龙虾生长时间，提高小龙虾规格，提升小龙虾产品质量，一般要求小龙虾达到最佳规格后开始起捕。起捕方法：采用网目2.5~3.0cm的大网口地笼进行捕捞。开始捕捞时，不需排水，直接将虾笼布放于稻田及虾沟之内，隔几天转换一个地方，当捕获量渐少时，可将稻田中水排出，使小龙虾落入虾沟中，再集中于虾沟中放笼，直至捕不到商品小龙虾为止。在收虾笼时，应将捕获到的小龙虾进行挑选，将达到商品规格的小龙虾挑出，将幼虾马上放入稻田，并勿使幼虾挤压，避免弄伤虾体。

2. 幼虾补放

第一茬捕捞完后，根据稻田存留幼虾情况，每亩补放3~4cm幼虾1 000~3 000尾。

(1) 幼虾来源 从周边虾稻连作稻田或湖泊、沟渠中采集。

（2）幼虾运输 将挑选好的幼虾装入塑料虾筐，每筐装重不超过5kg，每筐上面放一层水草，保持潮湿，避免太阳直晒，运输时间应不超过1h，运输时间越短越好。

3. 亲虾留存

由于小龙虾人工繁殖技术还不完全成熟，目前还存在着买苗难、运输成活率低等问题，为满足稻田养虾的虾种需求，我们建议：在8~9月成虾捕捞期间，前期是捕大留小，后期应捕小留大，目的是留足下一年可以繁殖的亲虾。要求亲虾存田量每亩不少于15~20kg。

八 虾稻共作实例

实例1. 湖北省潜江市龙湾镇黄桥村六组人小龙虾养殖户魏成林。

2011年虾稻共作面积达到35亩，经精心饲养，小龙虾产量达到6 150kg，亩产达176kg，实现销售收入15万元，亩产值过4 000元，纯收入11万元，亩平纯收入3 250元；2012年虾稻共作面积50亩，小龙虾产量9 650kg，亩产量193kg，销售额25万元。

魏成林的具体做法是：每年秋季中稻收割后，稻田上水投放虾种，冬春季注意控制水位，适量施用农家肥。惊蛰过后开始投喂饲料，植物性饲料有麸皮、糠、麦子、菜叶等，动物性饲料有螺蛳、蚌及价格相对低廉的白鲢、野杂鱼等，搅拌磨碎后投喂。4月、5月水温升高后是小龙虾生长的关键时期，要加强投食管理，保证喂饱喂足。5月底整田插秧后，适时补投虾苗。同时注意调节水质、预防病害，每月使用1次生石灰、漂白粉、纤毛净等。

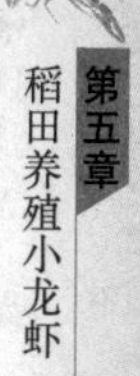

实例2. 龙湾镇黄桥村六组人小龙虾养殖户黄扬林。

2011年虾稻共作面积4.5亩，由于实施精细化管理，小龙虾喜获丰收。共产小龙虾900kg，亩平产量200kg，实现销售收入1.6万元，；2012年由于增产心切，3月施肥过量，导致部分小龙虾死亡，产量有所下降，但仍然销售了小龙虾1.2万元，亩平产量153kg。

他的经验是：一是把握好亲虾投放时间和数量。第一年养殖的，亩投种虾20~25kg，时间不迟于9月底；已养殖的稻田，需

要留足种虾或补投种虾 5～10kg；规格尽量在 35g 以上。二是加强投喂管理。稻田的天然饲料基础有限，而且小龙虾食性偏动物性，要想单产达到 150kg 以上，就一定要投喂，并且要投足投好，荤素搭配。三是轮捕轮放。把握市场行情，适时捕捞上市，自然野生资源丰富的地方，可进行轮捕轮放，提高效益。四是越冬水位管理。冬季一定要保证稻田水位，以利于种虾和虾苗安全越冬，同时要施用有机肥，培育饲料生物。

第四节　虾蟹稻综合种养

虾蟹综合种养模式是虾稻共作的一种拓展模式。其养殖环境条件与虾稻共作相同。虾蟹生活习性和养殖条件基本相同，但虾蟹的生长旺季不同，小龙虾主要生长时间为 9～5 月，而中华绒螯蟹的生长旺季为 5～9 月，因而相互影响较小。这种模式不但提高了稻田的综合利用率，而且有较好的经济效益。

【提示】 养蟹稻田要投规格较大的蟹苗并做好生态降温，防止蟹因积温过高而早熟。

一 稻田准备

养虾稻田环境条件与前面所述的虾稻共作技术的方法相同，这里不再赘述。

二 苗种放养

1. 蟹苗放养

选用中华绒螯蟹在土池生态环境繁育的蟹种，在 2～3 月，采取围沟圈养的方法，投放规格为 120～200 只/kg 的扣蟹，按每亩放养密度 300～400 只计算放养总量，放养在占总面积 4% 左右的围沟内圈养，待 5 月底 6 月初整田插秧后立即撤围放养。或在 5 月底 6 月初整田插秧后立即放养规格为 40～60 只/kg 的幼蟹 200 尾左右。

2. 小龙虾放养

分为投放亲虾模式和投放幼虾模式 2 种。

（1）投放亲虾养殖模式 初次养殖时，在当年的 8 月底至 9 月初，往稻田的环形沟和田间沟中投放亲虾，每亩投放 20～30kg，再次养殖的稻田每亩投放 5～10kg。

1）亲虾的选择。选择亲虾要把握好以下几点：其一，颜色为暗红或深红色、有光泽、体表光滑无附着物；其二，个体大，雌雄个体重应在 35g 以上，雄性个体宜大于雌性个体；其三，雌雄亲虾应附肢齐全、无损伤，无病害、体格健壮、活动能力强。

2）亲虾投放。亲虾应从养殖场和天然水域挑选。挑选好的亲虾用不同颜色的塑料虾筐按雌雄分装，每筐上面放一层水草，保持潮湿，避免太阳直晒，运输时间应不超过 10h，运输时间越短越好。亲虾投放前，环形沟和田间沟应移植 40%～60% 面积的漂浮植物。亲虾按雌雄比例 2:1～3:1 投放。投放时将虾筐反复浸入水中 2～3 次，每次 1～2min，使亲虾适应水温，然后投放在环形沟和田间沟中。

（2）投放幼虾养殖模式 如果是在第一年养殖时，错过了投放亲虾的最佳时机，可以在第二年的 4～5 月投放幼虾，每亩投放规格为 2～3cm 的幼虾 1 万尾左右。如果是续养稻田，应在 6 月上旬插秧后立即酌情补投幼虾，保证合理密度，来获得最佳效益。

三 饲养管理

河蟹和小龙虾除利用稻田中天然饲料外，要定期投喂水草、小麦、玉米、豆饼和螺蚬、蚌肉等饲料。采取定点投喂与适当撒投相结合，保证所有的蟹和虾都能吃到饲料。饲养期间要保持稻田水质清新，溶氧充足。水位过浅时，要及时加水；水质过浓时，则应及时更换新水。换水时进水速度不要过快过急，可采取边排边灌的方法，以保持水位相对稳定。平时要坚持早晚各巡田 1 次，检查水质状况、蟹和虾摄食情况、水草和天然饲料的数量和防逃设施的完好程度。大风大雨天气要随时检查，严防蟹种逃

逸，尤其要防范老鼠、青蛙、鸟类等敌害侵袭。

稻田养殖河蟹和小龙虾由于生态环境较好，一般很少生病，但要贯彻“以防为主”的方针。在蟹种和亲虾放养时，用3%～5%食盐水浸浴10min，杀灭寄生虫和致病菌。生长期间每15～20天泼洒1次生石灰水，每亩用生石灰5kg。

水稻收割后，可放干田水，捉蟹捕虾。注意留足下年的亲虾，然后给稻田灌水，让虾在稻田中越冬。

第五节　鳖虾稻综合种养

鳖虾稻综合种养模式也是虾稻共作的一种拓展模式。所不同的是，在这种模式中中华鳖是养殖的主体，而小龙虾是鳖的辅助食物和副产品。

> 【提示】 当鳖的市场价格大大高于小龙虾价格时可开展此模式养殖，反之则不宜。

一 稻田准备

养鳖虾稻田环境条件（图5-9）与虾稻共作基本相同，所不同的主要有以下几点：

图5-9　鳖虾稻综合种养稻田

1. 建立鳖虾防逃设施

防逃设施可使用网片、石棉瓦和硬质钙塑板等材料结合网片建造，其设置方法为：将石棉瓦或硬质钙塑板埋入田埂泥土中20～30cm，露出地面高50～60cm，然后每隔80～

100cm处用一木桩固定。稻田四角转弯处的防逃墙要做成弧形，以防止鳖沿夹角攀爬外逃。在防逃墙外侧约50cm左右用高1.2～1.5m的密眼网布围住稻田四周，在网布内侧的上端缝制40cm飞檐。

2. 完善进排水系统

稻田应建有完善的进排水系统，以保证稻田旱干雨不涝。进排水系统建设要结合开挖环沟综合考虑，进水口和排水口必须成对角设置。进水口建在田埂上；排水口建在沟渠最低处，由PVC弯管控制水位，要求能排干所有的水。与此同时，进排水口要用铁丝网或栅栏围住，以防养殖水产动物逃逸。也可在进出水管上套上防逃筒，防逃筒用钢管焊成，根据鳖的大小钻上若干个排水孔，使用时套在排水口或进水口管道上即可。

3. 晒台、食台设置

晒背是鳖生长过程中的一种特殊生理要求，既可提高鳖体温促进生长，又可利用太阳紫外线杀灭体表病原，提高鳖的抗病力和成活率。晒台和食台尽量合二为一，具体做法是：在田间沟中每隔10m左右设一个食台，台宽0.5m、长2m，食台长边一端在埂上，另一端没入水中10cm左右。饲料投在露出水面的食槽中。

二 田间沟消毒

环沟或“十”沟、“井”沟挖成后，在苗种投放前10～15天，每亩沟面积用生石灰100kg带水进行消毒，以杀灭沟内敌害生物和致病菌，预防饵料鱼、鳖、虾生病。

三 移栽水生植物

田间沟消毒3～5天后，在沟内移栽水生植物，如轮叶黑藻、水花生等，栽植面积控制在沟面积的25%左右，为小龙虾提供饲料以及为鳖、虾提供遮阴和躲避的场所。

四 投放有益生物

在虾种投放前后，田间沟内需投放一些有益生物，如螺蛳、水蚯蚓等。投放时间一般在 4 月。螺蛳每亩田间沟投放 100 ~ 200kg，既可净化水质，又能为小龙虾和鳖提供丰富的天然饲料。有条件的还可适量投放水蚯蚓。

五 水稻栽培

水稻栽培与管理和虾稻共作相同。

六 苗种的投放

1. 苗种的选择

鳖的品种宜选择纯正的中华鳖，该品种生长快，抗病力强，品味佳，经济价值较高。要求规格整齐，体健无伤，不带病原。放养时需经消毒处理。鳖种规格建议为 250 ~ 500g/只。虾种最好选择抱卵虾，解决鳖虾稻生态种养模式中虾苗来源缺乏的问题。

2. 苗种的投放时间及放养密度

鳖种投放时间应根据鳖种来源而定。土池鳖种应在 5 月中下旬的晴天投放，温室鳖种应在秧苗栽插后的 6 月中下旬（水温稳定在 25℃左右）投放，放养密度在 100 只/亩左右。鳖种必须雌雄分开养殖，否则自相残杀相当严重，会严重影响成鳖的成活率。由于雄鳖比雌鳖生长速度快且售价更高，有条件的地方建议投放全雄鳖种。在田间沟内还要放养适量白鲢寸片，以调节水质。

虾种投放分两次进行。第一次是在稻田工程完工后投放虾苗。虾苗一方面可以作为鳖的鲜活饲料，另一方面可以将养成的成虾进行市场销售，增加收入。虾苗放养时间一般在 3 ~ 4 月，可投放从市场上直接收购或人工野外捕捉的幼虾，规格一般为 200 ~ 400 只/kg，投放量为 50 ~ 75kg/亩。第二次是在 8 ~ 10 月投放抱卵虾，投放量为 15 ~ 25kg/亩。

七 饲料投喂

鳖为偏肉食性的杂食性动物，为了提高鳖的品质，所投喂的

饲料应以低价的鲜活鱼或加工厂、屠宰场下脚料为主。温室鳖种要进行 10～15 天的饲料驯食，驯食完成后不再投喂人工配合饲料。鳖种入池后即可开始投喂，日投喂量为鳖体总重的 5%～10%，每天投喂 1～2 次，一般以 1.5h 左右吃完为宜，具体的投喂量视水温、天气、活饵（螺蛳、小龙虾）等情况而定。有条件的地方可以设置太阳能黑光灯杀虫器，为鳖和小龙虾的生长补充营养丰富的天然动物性饲料。

八 日常管理

1. 水位控制

越冬以后，即进入 3 月时，应适当降低水位，沟内水位控制在 30cm 左右，以利于提高水温。当进入 4 月中旬以后，水温稳定在 20℃以上时，应将水位逐渐提高至 50～60cm，使沟内的水温始终稳定在 20～30℃之间，这样有利于鳖、小龙虾的生长，避免小龙虾提前硬壳老化。5 月，为了方便耕作及插秧，可将稻田裸露出水面进行耕作，插秧时可将水位提高 10cm 左右；苗种投放后根据水稻生长和养殖品种的生长需求，可逐步增减水位。6～8 月根据水稻不同生长期对水位的要求，控制好稻田水位，一般要求适当提高水位。鳖、小龙虾越冬前（即 9～11 月）的稻田水位应控制在 30cm 左右，这样可使稻蔸露出水面 10cm 左右，既可使部分稻蔸再生，又可避免因稻蔸全部淹没水下，导致稻田水质过肥缺氧，而影响鳖、小龙虾的生长。12 月至第二年 2 月是鳖和小龙虾的越冬期，可适当提高稻田水位，控制在 40～50cm 之间。

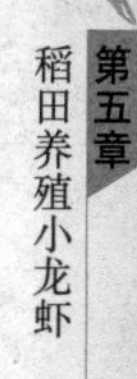

2. 科学晒田

晒田总体要求是轻晒或短期晒，即晒田时，使田块中间壤土不陷脚，田边表土不裂缝和发白，以见水稻浮根泛白为适度。田晒好后，应及时恢复原水位，尽可能不要晒得太久，以免导致环沟水生动物因长时间密度过大而产生不利影响。

3. 勤巡田

经常检查养殖水产动物的吃食情况、查防逃设施、查水质

等，做好稻田生态种养试验田与对照田的各种生产记录。

4. 水质调控

根据水稻不同生长期对水位的要求，控制好稻田水位，并做好田间沟的水质调控。适时加注新水，每次注水前后水的温差不能超过4℃，以免鳖感冒致病、死亡。高温季节，在不影响水稻生长的情况下，可适当加深稻田水位。

5. 虫害防治

对水稻危害最严重的是褐稻虱，幼虫会大量蚕食水稻叶子。每年9月20日后是褐稻虱生长的高峰期，稻田里有了鳖、虾，只要将水稻田的水位提高十几厘米，鳖、虾就会把褐稻虱幼虫吃掉，达到避虫的目的。

九 鳖虾收获上市

当水温降至18℃以下时，可以停止饲料投喂。一般到11月中旬以后，可以将鳖捕捞上市销售。收获稻田里的鳖通常采用干塘法，即先将稻田的水排干，等到夜间稻田里的鳖会自动爬上淤泥，这时可以用灯光照捕。平时少量捕捉，可沿稻田边沿巡查，当鳖受惊潜入水底后，水面会冒出气泡，跟着气泡的位置潜摸，即可捕捉到鳖。

3~4月放养的幼虾，经过2个月的饲养，就有一部分小龙虾能够达到商品规格。将达到商品规格的小龙虾捕捞上市出售，未达到规格的继续留在稻田内养殖，降低稻田小龙虾的密度，促进小规格的小龙虾快速生长。小龙虾捕捞的方法很多，可用虾笼、地笼、手抄网等工具捕捉，也可用钓竿钓捕或用拉网拉捕。在5月下旬至7月中旬，采用虾笼、地笼起捕，效果较好。

第六节 虾鳅稻综合种养

虾稻共作稻田养鳅是一项行之有效的综合种养技术，它不仅不影响虾稻效益，还能增加商品鳅产量，而且由于泥鳅能钻松稻田泥土，吃掉害虫，可以促进肥料分解，达到虾鳅稻齐丰收的

目的。

一 稻田选择及设施建设

与虾稻共作相同，只是在排水口前要开挖鱼窝，大小按稻田规模而定，并要建两道防逃网，外侧可用聚乙烯网，内侧用金属网，虾鳅稻种养稻田如图 5-10 所示。

图 5-10　虾鳅稻种养稻田

二 施基肥与放养

放鳅前先将田水排干，曝晒 3 ~ 4 天，再按每 $100m^2$ 田面撒米糠 20 ~ 25kg，次日再施畜肥 50kg，再曝晒 4 ~ 5 天，使畜肥腐烂分解，被土壤吸收，然后蓄水。当田面水深 15 ~ 30cm 时，每 $100m^2$ 水田放养体长为 3 ~ 5cm 的原鳅种 10 ~ 15kg。

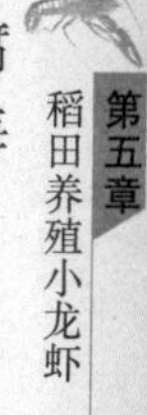

三 苗种放养

品种好坏直接影响产量。因此，应选择生长快、繁殖力强、抗病的泥鳅苗种。小龙虾的苗种放养与虾稻共作相同。

1. 放养时间

早插秧，早放养，一般在中稻插秧后 10 天左右，再放泥鳅夏花或鳅种。此时稻田的秧苗已成活，饲料生物已渐丰富。

2. 放养密度和规格

每亩放养6~10cm的泥鳅种1万~1.2万尾。为了确保产量和效益，可根据鳅种的规格作适当调整。

四 饲养管理

鳅种放养第一周先不用投喂。1周后，每隔3~4天喂1次。开始投喂时，饲料撒在鱼沟和田面上，以后逐渐缩小范围，集中在鱼沟内投喂；1个月后，泥鳅正常吃食时，每天喂2次。泥鳅放养后第一个月，饲料可以投喂鱼粉、豆饼粉、玉米粉、麦麸、米糠、畜禽加工下脚料等；水温25℃以上时，动植物饲料组成比为7:3；水温25℃以下时，动植物饲料组成比为1:1。开始时采用撒投法，将饲料均匀地撒在田面上，以后逐渐缩小撒投面积，最后将饲料投放在固定的鱼坑里。1个月后，每隔15天追肥1次。

五 日常管理

经常检查堤防设施，防止逃鳅。稻田水位应根据稻鳅需要适时调节，初期15~30cm深，中后期40~60cm深。日常管理中可适量施放石灰，一方面可作为肥料，另一方面可起到消毒作用。此外，养鳅的水田一般不宜过多除草。

泥鳅养殖过程中常见的病害有水霉病、打印病、烂鳍病、寄生虫病。由于稻田鱼病较难治疗，故在放养鳅种时须经过检疫或采用鱼种消毒等预防措施。

六 收获方法

泥鳅因潜伏于泥中生活，捕捞难度大。但根据泥鳅在不同季节的生活习性特点，可采取以下方法进行收获：冬季在田里泥层较深处事先堆放数堆猪、牛粪做堆肥，引诱泥鳅集中于粪堆内进行多次捕捞；春季将进排水口打开装上竹篓，泥鳅自然会随水进入其中；秋季将田里水全部排干重晒，晒至田面硬皮为度，然后灌入一层薄水，待泥鳅大量从泥中出来后进行网捕。

第六章
池塘养殖小龙虾

池塘养殖在我国有着悠久的历史，是我国最早开展鱼类人工养殖的水域，也是现阶段开展规模最大、效益最好的水产养殖水域。与淡水鱼类养殖相比，池塘养殖小龙虾就显得更为简单。可分为专养、套养、混养等多种模式，操作方法易学易做，是广大养殖户快速致富的好项目。

第一节 池塘准备

一 清塘修整和改良

1. 池塘清整

【误区】 由于小龙虾经常在浅水处活动，因此在养殖户中流传着“深水养鱼，浅水养虾”的说法，实践证明：池塘浅水养虾产量低、个体小、壳厚，经济效益差甚至严重亏损。

饲养小龙虾的池塘要求水源充足、水质良好，进排水方便，池埂顶宽3m以上，坡度1:3，面积以3~5亩为宜，长方形，水深1 ~ 2m。新开挖的池塘和旧塘要视情况平整塘底、清除淤泥和晒塘，使池底和池壁有良好的保水性能，尽可能减少池水的渗漏。在池塘清整的同时建好防逃设施，以免敌害生物进入和以后螯虾逃逸。

小龙虾为底栖爬行动物，决定其池塘产量的不是池塘水体的容积，而是池塘的水平面积和池塘堤岸的曲折率。即相同面积的池塘，水体中水平面积越大，堤岸的边长越多则可放养虾的数量越多，产量也就越高。因此可在靠近池埂四周1~2m处用网片或竹席平行搭设2~3层平台，第一层设在水面下20cm处，长2~3m、宽30~50cm，两层之间的距离为20~30cm，每层平台均有斜坡通向池底；平行的两个平台之间要留100~200cm的间隙，供小龙虾到浅水区活动。

2、清塘消毒

池塘清塘消毒，可有效杀灭池中敌害生物如鲶鱼、乌鳢、蛇、鼠等，争食的野杂鱼类如鲤、鲫鱼等，以及致病菌。常用的方法主要有：

（1）生石灰消毒 生石灰有干法消毒和带水消毒两种。干法消毒法：每亩用生石灰50~80kg，全池泼撒，再经3~5天晒塘后，灌放新水。带水消毒法：每亩水面以水深1m计算，用生石灰100~150kg溶于水中后，全池均匀泼洒。

（2）漂白粉消毒 将漂白粉完全溶化后，全池均匀泼洒，用量为每亩20~30kg（含有效氯30%），漂白精用量减半。有些地方用茶饼清塘消毒，效果也很好。消毒方法：一般先将养殖池注水10~30cm，将消毒剂溶于水后，泼入池中，全塘均匀泼洒。水泥池用药水多次冲洗，然后再用清水冲洗干净。

如果是用生石灰进行消毒，化浆泼洒生石灰后不要立即进水，生石灰遇水后与空气接触形成的碳酸钙是一种很好的水质调节剂，一般保持一个星期之后再进水。用60目筛绢网过滤进水至70~80cm深。

二 水源水质

一般取用河水、湖水，水源要充足，水质要清新无污染，符合国家颁布的渔业用水或无公害食品淡水水质标准。

三 水草种植

俗话说：“虾多少，看水草”。水草是小龙虾在天然环境下主

要的饲料来源和栖息、活动场所。在池塘里模拟天然水域生态环境，形成水草群，可以提高小龙虾的成活率和品质。移栽水草的目的在于利用它们吸收部分残饵、粪便等分解时产生的养分，起到净化池塘水质的作用，以保持水体有较高的溶解氧量。在

图 6-1　小龙虾栖息的人工草团

池塘中，水草可遮挡部分夏天的烈日，对调节水温作用很大。同时，水草也是小龙虾的新鲜饲料，在小龙虾蜕壳时还是很好的隐蔽场所。在小龙虾的生长过程中，水草又是其在水中上下攀爬、嬉戏、栖息的理想场所，尤其是对于水域较深的池塘，应把水草聚集成团并用竹竿或树干固定，每亩设置单个面积 1 ~ 2m^2 的草团 20 个，可以大大增加小龙虾的活动面积，这是增加小龙虾产量的重要措施，小龙虾栖息的人工草团如图 6-1 所示。

【提示】 种植水草以轮叶黑藻、菹草、伊乐藻和金鱼藻为主，不宜种植苦草。水花生主要是为小龙虾提供栖息场所。

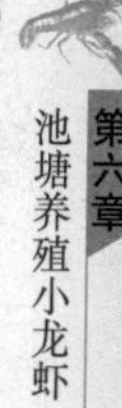

水草的栽培，要根据池塘准备情况、水草发育阶段因地制宜进行。要根据各种水草生长发育的差异性，进行合理搭配种植，以确保在不同的季节池塘都能保持一定产量的水草。水草的种类要包括挺水植物、浮水植物和沉水植物三类。可以种植的有慈姑、芦苇、水花生、野荸荠、三棱草，苦草、轮叶黑藻、伊乐藻、眼子菜、菹草、金鱼藻、凤眼莲等。人工栽培的水草不宜栽得太多，以占池塘面积 20% ~ 30% 为宜，水草过多，在夜间易使水中缺氧，反而会影响到小龙虾的生长。水草可移栽在池塘四周浅水区处。

1. 轮叶黑藻（图6-2）

俗称温丝草、灯笼薇、转转薇等，属多年生沉水植物，茎直立细长，叶呈带状披针形，4～8片轮生。叶缘具小锯齿，叶无柄。轮叶黑藻是一种优质水草，自然水域分布非常广，在湖泊中往往是优质种群，营养价值较高，是小龙虾喜欢摄食的品种。

图6-2 轮叶黑藻

轮叶黑藻可在4月中下旬左右进行移栽，将轮叶黑藻的茎切成段栽插。每亩需要鲜草25～30kg，6～8月为其生长茂盛期。轮叶黑藻栽种一次之后，可年年自然生长，用生石灰或茶饼清池对它的生长也无妨碍。轮叶黑藻是随水位向上生长的，水位的高低对轮叶黑藻的生长起着重要的作用，因此池塘中要保持一定的水位，但是池塘水位不可一次加足，要根据植株的生长情况循序渐进，分次注入，否则水位较高影响光照强度，从而影响植株生长，甚至导致死亡。池塘水质要保持清新，忌浑浊水和肥水。

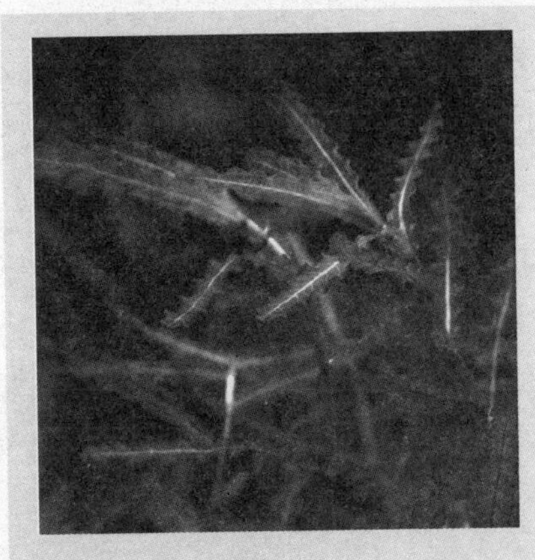
图6-3 菹草

2. 菹草（图6-3）

又称虾藻、虾草。为多年生沉水植物，具近圆柱形的根茎，茎稍扁，多分枝，近基部常匍匐于地面，于结节处生出疏或稍密的须根。叶条形，无柄，先端钝圆，叶缘多呈浅波状，具疏或稍密的细锯齿。菹草生命周期与多数水生植物不同，它在秋季发芽，冬春季生长，4~5月开花结果，6月后逐渐衰退腐烂，同时形成鳞枝（冬芽）以度过不适环境。鳞枝坚硬，边缘具有齿，形如松果，在水温适宜时开始萌发生长。栽培时可以将植物体用软泥包住投入池塘，也可将植物体切成小段栽插。

3. 金鱼藻（图6-4）

为沉水性多年生水草，全株呈深绿色，茎细长、平滑，长20~40cm，疏生短枝，叶轮生、开展，每5~9枚集成一轮，无柄。在池塘中5~6月比较多见，它是小龙虾夏季利用的水草，可以进行移栽。

4. 伊乐藻（图6-5）

一种优质、速生、高产的沉水植物，被称为沉水植物骄子，伊乐藻茎可长达2m，具分枝；芽孢叶卵状披针性排列密集。叶4~8枚轮生，无柄。属于雌雄异株植物，雄花单生叶腋，无柄，着生于一对扇形苞片内，苞片外缘有刺；雌花单生叶腋，无柄，具筒状膜质苞片。实践证明，伊乐藻是小龙虾养殖中的最佳水草品种之一。

【提示】 不宜种植苦草的原因是，小龙虾只摄食苦草的根须，而不能利用苦草叶，致使根须被利用后，大量的苦草叶片浮于水面发霉变质，败坏水质。

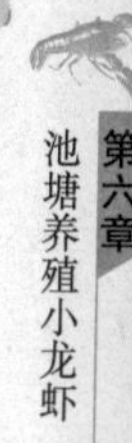

图6-4 金鱼藻

图6-5 伊乐藻

（1）栽前准备

1）池塘清整。成虾捕捞结束后排水干池，每亩用生石灰200kg 化水全池泼洒，清野除杂，并让池底充分冻晒。

2）注水施肥。栽培前5～7天，注水深0.3m左右，进水口用40目筛绢进行过滤。并根据池塘肥瘦情况，每亩施腐熟粪肥300～500kg。

（2）栽培 12月至第二年1月底栽培。栽培方法：

1）沉栽法。每亩用20kg左右的伊乐藻种株。将种株切成0.15～0.2m长的段，每3～5段为一束，在每束种株的基部粘上淤泥，撒播于池中。

2）插栽法。每亩用同样数量的伊乐藻种株，切成同样的段与束，按1m×1.5m的株行距进行人工插栽。

（3）栽后管理 按"春浅、夏满、秋适中"的方法进行水位调节。在伊乐藻生长旺季（4～9月）及时追施尿素或进口复合肥，每亩2～3kg。

5. 水花生（图6-6）

又称空心莲子草、喜旱莲子草、革命草，属挺水类植物。因其叶与花生叶相似而得名。茎长可达1.5～2.5m，其基部在水中匐生蔓延，形成纵横交错的水下茎，其水下茎节上的须根能吸取水中营养盐类而生长。水花生适应性极强，喜湿耐寒，适应性强，抗寒能力也超过凤眼莲和水蕹菜等水生植物，能自然越冬，气温上升至10℃时即可萌芽生长，最适生长温度为

图6-6 水花生

22～32℃。5℃以下时水上部分枯萎，但水下茎仍能保留在水下不萎缩。水花生可在水温达到10℃以上时进行池塘移植，随着水温逐步升高，逐渐在水面、特别是在池塘周边浅水区形成水草群。小龙虾喜欢在水花生里栖息，摄食水花生的细嫩根须，躲避敌害，安全蜕壳。

6. 凤眼莲（图6-7）

为多年生宿根浮水草本植物。因它浮于水面生长，且在根与叶之间有一葫芦状大气泡，故又称其为水浮莲、水葫芦。凤眼莲茎叶悬垂于水上，蘖枝匍匐于水面。花为多棱喇叭状，花色艳丽美观，叶色翠绿偏深。叶全缘，光滑有质感。须根发达，分蘖繁殖快。在6～7月，将健壮的、株高偏低的种苗进行移栽。凤眼莲喜欢在向阳、平静的水面，或潮湿肥沃的边坡生长。在日照时间长、温度高的条件下生长较快，受冰冻后叶茎枯黄。每年4月底至5月初在历年的老根上发芽，至年底霜冻后休眠。在水质适宜、气温适当、通风较好的条件下株高可达50cm。

图6-7 凤眼莲

凤眼莲对水域中砷的含量很敏感。当水中砷达到0.06mg/L时，仅需2.5h凤眼莲即可出现受害症状。表现为外轮叶片前端出现水溃状绿色斑点，逐渐蔓延成片，导致叶面枯萎发黄、翻卷，受害程度随砷浓度增大而加重，受损叶片也会增多，并可涉及叶柄海绵组织。在农业部《无公害食品　淡水养殖用水水质》（NY 5051—2001）标准中，砷的含量必须低于0.05mg/L。因此，凤眼莲作为一种污染指示植物，用来监测水域是否受到砷的污

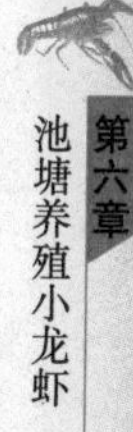

染，具有实际参考价值。

四 进水施肥

养殖小龙虾要求水源充足，水质清新，溶氧含量高，符合国家渔业用水标准或无公害食品淡水水质标准，无有机物及工业重金属污染。向池中注入新水时，要用 20 ~ 40 目纱布过滤，防止野杂鱼及鱼卵随水流进入饲养池中。同时施肥培育浮游生物，为虾苗在入池后直接提供天然饲料。往虾池中施肥应选用有机肥料，如施发酵过的有机草粪肥。施用量为每亩 200 ~ 500kg，使池水有一定的肥度。在虾苗放养前及放养的初期，池水水位较浅，水质较肥；在饲养的中后期，随着水位加深，要逐步增加施肥量。具体要视水色和放养小龙虾的情况而定，保持池水透明度在 30 ~ 40cm 之间。

第二节　虾苗投放

一 投放幼虾养殖模式

1. 投放幼虾养殖类型

投放幼虾的养殖有单养、鱼虾混养、鱼虾蟹混养等多种模式，投放幼虾的养殖模式见表 6-1。

表 6-1　投放幼虾的养殖模式

放养模式	放养品种	投放时间	规格	放养密度/（尾/亩）
单养	幼虾	4 ~ 5 月	3cm	（0.8 ~ 1）× 10^4
		9 ~ 10 月	1cm	（1 ~ 1.5）× 10^4
鱼、虾混养	幼虾	4 ~ 5 月	3cm	（0.8 ~ 1）× 10^4
		9 ~ 10 月	1cm	（1 ~ 1.5）× 10^4
	鲢夏花鱼种	6 ~ 7 月	2.7 ~ 4.0cm	0.4 × 10^4
	鳙夏花鱼种	6 ~ 7 月	2.7 ~ 4.0cm	0.1 × 10^4

（续）

放养模式	放养品种	投放时间	规格	放养密度/（尾/亩）
鱼、虾、蟹混养	幼虾	4～5月	3cm	（0.6～1）×10^4
		9～10月	1cm	（0.8～1.2）×10^4
	鲢夏花鱼种	6～7月	2.7～4.0cm	0.4×10^4
	鳙夏花鱼种	6～7月	2.7～4.0cm	0.1×10^4
	扣蟹	3月	100～200只/kg	300～500

2. 幼虾质量

幼虾应规格整齐、体质健壮、附肢齐全、无病无伤、活动力强，不得带有危害的传染性疾病。外购虾苗应经动物检疫部门检疫合格方可选用。

3. 幼虾投放

（1）运输方式　运输幼虾采用双层尼龙袋充氧、带水运输，尼龙袋内放置1～2片塑料网片，根据距离远近，每袋装幼虾（0.5～1.0）×10^4尾。

（2）投放时间　幼虾投放宜在晴天早晨、傍晚或阴天进行，避免阳光直射。

（3）消毒防病　幼虾放养前应检疫，并用3%～5%食盐水浸洗10min，杀灭寄生虫和致病菌。外购幼虾，离水时间长，应先将幼虾在池水内浸泡1min，提起搁置2～3min，再浸泡1min，如此反复2～3次，使幼虾体表和鳃腔吸足水分后再放养。

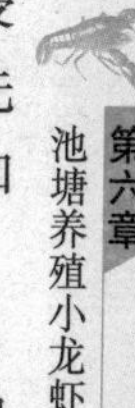

4. 幼虾培育管理

（1）投饲　幼虾投放第一天即投喂鱼糜、绞碎的螺蚌肉、屠宰厂的下脚料等动物性饲料。

每日投喂3～4次，除早上、下午和傍晚各投喂1次外，有条件的宜在午夜增投1次。日投喂量一般以幼虾总重的5%～8%为宜，具体投喂量应根据天气、水质和虾的摄食情况灵活掌握。日投喂量的分配如下：早上20%，下午20%，傍晚60%；或早上

20%，下午 20%，傍晚 30%，午夜 30%。

(2) 巡池 早晚巡池，观察水质等变化。在幼虾培育期间水体透明度应为 30～40cm。水体透明度用加注新水或施肥的方法调控。

(3) 分级饲养 经 20～30 天的培育，幼虾规格达到 2.0～3.0cm，转入食用虾养殖。

二 投放亲虾养殖模式

1. 投放亲虾养殖类型

有单养、鱼虾混养、鱼虾蟹混养等多种养殖模式。混养模式中的鱼、蟹投放与投放幼虾模式相同。

2. 投放时间与投放量

每年的 8 月底投放亲虾，每亩投放亲虾 20～30kg。亲虾应避免选择近亲繁殖的后代。

3. 亲虾选择

选择颜色暗红或深红色、有光泽、体表光滑无附着物、个体大、附肢齐全、无损伤，无病害、体格健壮、活动能力强的亲虾。

4. 亲虾投放

(1) 亲虾运输 挑选好的亲虾用不同颜色的塑料虾筐按雌雄分装，每筐上面放一层水草，保持潮湿，避免太阳直晒，运输时间应不超过 10h，运输时间越短越好。

(2) 亲虾性比 亲虾按雌雄比例 2∶1～3∶1 投放。投放时将虾筐反复浸入水中 2～3 次，每次 1～2min，使亲虾适应池塘水温，然后投放。

5. 亲虾投饲

8 月底投放的亲虾除自行摄食池塘中的有机碎屑、浮游动物、水生昆虫、周丛生物及水草等天然饲料外，宜少量投喂动物性饲料，每日投喂量为亲虾总重的 1%。10 月发现有幼虾活动时，即可转入幼虾培育。

第三节 饲养管理

一 投饲

1. 投饲量

投饲按“四定四看”（即定食、定量、定质、定位和看季节、看天气、看水质、看虾的活动情况）的原则，确定投喂量的增减。正常情况下，日投饲量一般为小虾体重的7%～8%，中虾体重的5%，大虾体重的2%～3%。水草丰富的池塘和连续阴雨天气、水质过浓、大批虾蜕壳和虾发病季节可少投或不投喂。

2. 投饲次数

每天上、下午各投喂1次，以下午1次为主，约占全天投喂量的70%；当水温低于12℃时，可不投喂。3～4月，当水温上升到10℃以上再开始投喂。

二 水质调节

1. 水质调节对养殖的影响

（1）目的和标准 小龙虾对环境的适应力及耐低氧能力很强，甚至可以直接利用空气中的氧，但长时间处于低氧、水质过肥或恶化的环境中会影响小龙虾的蜕壳速率，从而影响生长。因此，水质是限制小龙虾生长，影响养虾产量的重要因素。不良的水质还可助长寄生虫、细菌等有害生物大量繁殖，导致疾病发生和蔓延，水质严重不良时，还会造成小龙虾死亡。在池塘高密度养殖小龙虾时，经常使用微生态制剂、生石灰等调节水质，使池水透明度控制在40cm左右，按照季节变化及水温、水质状况及时进行调整，适时加水、换水、施肥，营造一个良好的水体环境。“养好一池虾，先要管好一池水”，始终保持池塘水体“肥、活、嫩、爽”。

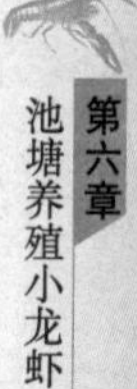

肥：就是池水含有丰富的有机物和各种营养盐，透明度25～30cm，繁殖的浮游生物多，特别是易消化的种类多。

活：就是池塘中的一切物质，包括生物和非生物，都在不断地、迅速地转化着，形成池塘生态系统的食性物质循环。反映在水色上，池水随光照的不同而处于变化中。

嫩：就是水色鲜嫩不老，易消化浮游植物多。如果蓝藻等难消化种类大量繁殖，水色呈灰蓝或蓝绿色，或者浮游植物细胞衰老，均会减低水的鲜嫩度，变成“老水”。

爽：就是水质清爽，水面无浮膜，混浊度较小，透明度大于20cm，水中溶氧较高。

（2）虾池施肥 每年12月前每月施一次腐熟的农家肥，用量为100 ~150kg/亩；3 ~4月，当水温上升到10℃以上时，每月施一次腐熟的农家肥，用量为50 ~75kg/亩；保持水体透明度为25cm左右。

每年4月以后，每15 ~20天换水1次，每次换水1/3；每10 ~15天泼洒1次生石灰，用量为10 ~15kg/亩。保持池塘水质清新、水位稳定、透明度为30 ~40cm、pH为7 ~8。

施肥可以增加虾池中的营养成分，加速动、植物饲料的繁殖，在饲料生物丰富的情况下，小龙虾生长快、个体大、质量好，价格高。

2. 水质调控方法

（1）物理方法

1）适当注水、换水，保持水质清新。水源充足的池塘可参照透明度指标采取必要的注水和换水措施。当池水的透明度低于20cm时，可以考虑抽出老水1/3 ~1/2，然后注入新水。一者带进丰富的氧气和营养盐类，再者冲淡池水中的有机物，恢复池水成分的平衡。这是改良水质最有效的办法，但要注意三点，一是要用潜水泵抽出池塘的底层水；二是注入水要保证水源的质量；三是换水时温差不得超过3℃，否则易造成冷、热应激，导致小龙虾生病。

2）适时增氧，保持池水溶氧丰富。用机械增加空气和水的接触面，加速氧溶解于水中，通常使用的各种增氧机、水泵充水、气泵向水中充气等都是物理方法增氧，是调节改良水质最经济、最有效、最常用的方法。适时开动增氧设备，增加水中氧气，不仅能够提高虾类对饲料的消化利用率，而且能够促使池水中有机物分解成无机物被浮游植物所利用，还能有效地抑制厌氧细菌的繁殖，降低厌氧细菌的危害，对改良池塘水质起着相当重要的作用。

（2）化学方法

1）定期施用生石灰。生石灰是水产养殖上使用的最广泛、最多的一种水质调节改良剂。施用生石灰主要是调节池水的酸碱度，使其达到良好水质标准的 pH 范围，同时作为钙肥可以促使浮游生物的组成维持平衡。一般每月施用生石灰 1 次，采取用水溶解稀释后全池泼洒，用量为 5 ~ 15kg/亩，晴天上午 9 点左右使用，不宜在下午使用。

2）定期对水体消毒和改良。在虾类生长期内，每月施用氯制剂消毒液两次，每次含量为 0.5 ~ 0.6g/m^3，可起灭菌杀藻作用；每月施用底质改良剂 1 次，含量为 40 ~ 50g/m^3，不仅可以吸附池水中的悬浮物，更重要的是可以改良底质，从而起到改良水质的作用。底质改良剂主要成分是络合剂、螯合剂，将这些物质洒入水中，与水中的一些物质发生络和、螯合反应，形成络合物和螯合物。一方面缓冲 pH，减少营养元素（如磷）的沉淀，另一方面降低水中毒物（如重金属离子）浓度和毒性，达到调节、改良水质的作用。常用的络合剂、螯合剂有活性腐殖酸、黏土、膨润土等。目前，有一种新型亚硝酸根离子去除剂——亚硝酸螯合剂（BRT）及其盐类也可作为水产养殖土壤改良及底质活化剂，使用量为 0.1 ~ 0.3g/m^3。

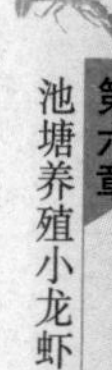

（3）生物方法 主要是施用生物制剂。生物制剂的主要种类有光合菌、芽孢菌、硝化菌、玉垒菌、EM 复合生物制剂等。在水温 25℃以上，选择日照较强的天气，每月施用生物制剂如复合型枯草芽孢杆菌净水剂、活性酵素 1 ~ 2 次，每次分别使池水成 0.81g/m^3 和 56g/m^3；每次施用后数日内水质即可好转。但施用

上述生物制剂应注意两点，一是施用生物制剂时必须选择水温在25℃以上的晴天；二是在施用化学制剂（如生石灰、氯制剂等）后，不能马上施用生物制剂，应等到化学制剂药效消失后再施用。一般要在施用化学制剂一周后再施用生物制剂，这样才能达到较佳的水质调节效果。

三 巡池检查

巡池的主要任务有：

1）早上检查有无残食，以便调整当天的投喂量。

2）中午测量水温，观察池水变化。

3）傍晚或夜间观察虾的活动及摄食情况。

4）经常检查、维修防逃设施。

四 敌害防治

池塘饲养小龙虾，其敌害较多，如蛙、水蛇、泥鳅、黄鳝、肉食性鱼类、水老鼠及水鸟等。放养前应用生石灰清除，进水时要用8孔/cm的纱网过滤；平时要注意清除池内敌害生物，有条件的可在池边设置一些彩条或稻草人，恐吓、驱赶水鸟。

五 越冬管理

1. 越冬前的准备

冬季小龙虾进入洞穴越冬，生长缓慢。加强冬季小龙虾越冬管理，能提高越冬成活率和养殖效益。每亩施腐熟的畜粪肥100~150kg，培育浮游生物。池中移栽凤眼莲、水花生、马莱眼子菜等水生植物，覆盖率达40%以上，布局要均匀。水草可吸收池中过量的肥分，通过光合作用，防止池水缺氧，同时水草多可滋生水生昆虫，补充小龙虾动物蛋白。

2. 日常管理的主要内容

1）适时投喂。越冬前多喂些动物饲料，增强体质，提高冬季成活率。

2）调好水质。越冬期间，池中要保持水位在1.5m以上，

以维持池水水温。水位过浅，要适时补水，防止小龙虾冻伤冻死。

3）定期巡池。每天巡池2次，发现异常及时采取对策。

4）防止冰冻覆盖水面后缺氧。

第四节　虾蟹鳜生态混养

虾蟹鳜生态混养主要原理是充分利用不同品种的生长季节和在水域中生态位差异，错开生产茬口，充分利用池塘立体空间及资源，达到提高池塘养殖经济效益的目的。实践证明虾蟹鳜生态混养是一种生态高效养殖模式，具有投入少、效益高，生产的产品品种优的优势。

> 【经验】　虾蟹鳜生态混养一定要设置蟹种暂养区。5月小龙虾起捕上市后再撤围，让蟹进入大水域生长。

河蟹喜食底栖动物，特别喜欢螺蚬，也喜食水生植物；鳜鱼喜食活鱼且不食小龙虾，小龙虾食性为杂食性偏动物性。河蟹、小龙虾两者从食性角度互为补充。在水质要求上，河蟹、鳜鱼、小龙虾都喜栖息在水质清新的水域，混养时对水质要求上没有矛盾。

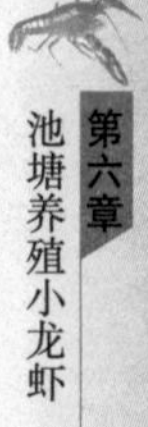

一　池塘条件

池塘面积5~10亩，平均水深1~2m，塘埂坚实不漏水，埂面宽度2.0~3.0m，池底平坦少淤泥，含沙量小，排灌方便。

二　水源水质要求

水源充足，无工业、农业及生活污染，对于水源有限的养殖区域，应减少池水向外河的排放，避免养殖自身的污染。有条件使用江河、水库等天然水源更好。

三 设置防逃设施

池塘四周要用铝皮、加厚薄膜或钙塑板做好防逃设施，材料埋入土中 20 ~ 30cm，高出面 50cm，每隔 50cm 用木桩或竹桩支撑，四角作成圆角，防逃设施内留出 1 ~ 2m 的堤埂，池塘外围用聚乙烯网片包围，网高 1m，以利于防逃和检查。

四 池塘的清整消毒

放养小龙虾前，清除池塘过多的淤泥，养虾后在蟹种放养前一个月，每亩用生石灰 70 ~ 100kg，化浆后全池泼洒，改善池底质和杀灭病原体。清塘以后的水用 60 目规格的尼龙绢网袋过滤，防止野杂鱼类及其鱼卵进入池塘。

五 种植水草、放养螺蛳

池塘中种植水草，既可提供河蟹栖息、避敌的场所，起净化水质作用，还可作为部分青饲料来源，提高河蟹的成活率，促进蟹的生长。水草的品种以沉水的轮叶黑藻或伊乐藻和浮水的水花生相结合为好，水草面积为池塘面积的 30% 左右。放养螺蛳可吸水中浮游生物和有机质，同时又可提供鲜活饲料。采用上述养殖方式，能显著提高产品质量，降低成本，增加收入。

1. 水草种养方法

1）水花生的移植季节是每年的 3 ~ 4 月，割取陆生水花生，在池塘四周离塘边 1m 处设置宽约 2m 的水草带。伊乐藻种植也在 3 ~ 4 月份，池塘水位 40cm，采用分段无性扦插的方法，每亩种草量 5 ~ 10kg。

2）轮叶黑藻的种植季节在清明前后，池塘水位 20 ~ 30cm，每亩用草籽 50 ~ 150g，播种前草籽先用水浸泡 1 ~ 2 天，然后用细泥拌匀，全池散播或条播，播种后 1 个月即可长成 5cm 以上的幼草。在生长旺季应割除过多的水草，以防缺氧和水质恶化。

2. 螺蛳放养

在 4 月底前，每亩放螺蛳 200 ~ 300kg，全池均匀抛放。

六 设置蟹种暂养区

蟹种放养的初期，在池塘的深水区，用网围拦一块面积占池塘总面积 1/5 ~ 1/3 的暂养区，虾蟹鳜混养池如图 6-8 所示，将蟹种先放在暂养区培育到 4 月底至 5 月初，待池塘的水草生长和螺蛳繁殖到一定的数量，再将蟹种放入池塘中。

图 6-8 虾蟹鳜混养池

七 苗种放养

1. 蟹种的放养

由于气候、土壤条件的不同及运输等因素的影响，本地培育的蟹种其成活率、抗病性及生长能力都明显好于外购的蟹种。因此，宜选择自己培育或本地培育的蟹种，尽量不买外地的蟹种。蟹种放养时间宜在当年的 11 ~ 12 月底和第二年的 2 月底至 4 月初，以初春放养更为适宜，放养水温 4 ~ 10℃，应避开冰冻严寒期。放养密度为每亩 1 龄蟹种 500 ~ 800 只，蟹种规格 120 ~ 200 只/kg，要求规格整齐、无断肢、无性早熟。

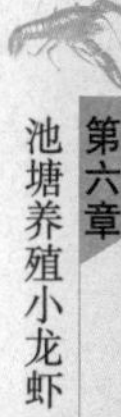

2. 种虾放养

初次养殖的 8 月底至 9 月，投放亲虾，每亩投放 20 ~ 30kg，已养的每亩投放 5 ~ 10kg。如投放幼虾，则在 4 月投放 3 ~ 4cm 幼虾 5 000 尾左右。

3. 鳜鱼放养

5 ~ 6 月，每亩套养 5cm 左右的鳜鱼苗 30 ~ 50 尾。

4. 鲢鳙鱼种的放养

虾蟹池中搭养适量的鲢鳙鱼种，可调节水质，减少蓝绿藻数量，增加池塘产出。每亩池塘放养1龄鲢鳙鱼种30~60尾，鱼种规格为10~20尾/kg。

八 投饲管理

池塘中培育有螺蛳、水草等天然饲料，可解决虾蟹部分饲料来源。在养殖过程中投喂的饲料主要种类有：虾蟹配合饲料、螺蚬、冰鲜鱼，另搭配少量的大小麦、豆粕、玉米等植物性饲料。投饲总原则“荤素搭配，两头精中间粗”，即在饲养前期（3~6月），以投喂颗饵和鲜鱼块、螺蚬为主，同时摄食池塘中自然生长的水草。在每年的7~8月，正是高温天气，应减少动物性饲料投喂数量，增加水草，大小麦、玉米等植物性的投喂量，防止河蟹过早性成熟和消化道疾病的发生。在饲养后期（8月下旬至10月），以动物性饲料和颗粒饲料为主，满足河蟹后期生长和育肥所需，适当搭配少量植物性饲料。投喂的饲料要求新鲜不变质。控制投喂量，每日投喂1~2次，饲养前期每日1次，饲养中后期每日2次，上午投总量的30%，晚上投总量的70%；精饲料与鲜活饲料隔日或隔餐交替投喂，均匀投在浅水区。坚持每日检查吃食情况，以全部吃完为宜，不过量投喂。

九 水质管理

整个饲养期间，始终保持水质清新，溶氧丰富，生长最适温度在22~30℃之间，透明度控制在35~50cm之间，前期偏肥，后期偏瘦。养殖初期（3~5月）池塘水深0.5~0.8m，6月后逐步加深水位，每5~7天添加新水1次，到高温季节，池塘水深保持1.2~1.5m，并每天灌注外河水20cm左右，水草的覆盖率达到池塘面积的50%，以降低水温，保持河蟹良好生长的水环境。当池塘水质不良时，应及时换水或采取其他的措施改善水质。经常使用生石灰来调节水质，使池水呈微碱性，增加水中钙离子含量，促进虾蟹脱壳生长。一般每亩每米水深每次用生石灰5~10kg，化浆后全池均匀泼洒，注意在高温季节减量或停用。施用复合生物制剂（EM菌、光合细菌等）可改善池塘水质，分解水中的有机物，降低氨氮、硫化氢等有毒物质的含量，保持良好的水质，特别在换水不便或高温季节效果更加明显。同时还可预防病害的发生。

第五节　池塘虾鳝共作

近年来，随着人民生活水平的不断提高，国内外对黄鳝的需求不断增长，农民投资养鳝的热情也在不断高涨。一些水源条件好的地方，特别是江汉平原地区，把网箱养鳝作为转变经济增长方式和农业增收农民致富的重要途径。养殖规模也在不断扩大，形成了生产规模化、销售网络化的产业格局。但是由于网箱养鳝只有 4～5 个月的水体利用期，其他时间的养殖水体都是闲置的，此外，由于是网箱养鳝，网箱面积只占养殖水体的 40%，且都在深水区，造成了很大的资源浪费。如果采取的是空间分隔技术开展小龙虾养殖，则可达到很好的经济、社会和生态效益。

虾鳝共作是巧妙合理的利用网箱养鳝池塘，养殖一季黄鳝两季龙虾的一种高产高效的生态模式。与虾稻共作有异曲同工之妙，网箱养鳝大都是 6 月底 7 月上旬放养，而此前池塘水域都是闲置的，小龙虾就是巧妙合理的利用这一时间差，先养一季虾，待鳝苗投放后虾鳝混养。虾鳝混养期给鳝鱼投喂的动物性饲料，不可避免地会有食物外溢或剩余，在夏天高温水体中，易腐败变质，污染水体，导致水体浮游生物过度繁殖，诱发黄鳝病害发生，黄鳝上草直至死亡。而养虾期留下的幼虾，其摄食习性就是喜欢吃腐烂性动物残食和浮游生物，可消除外溢或剩余食物。实践证明，这种混养模式有以下几方面的优点：一是充分利用池塘资源，大幅度增加了池塘的单位效益；二是有效改善养殖水质条件，大大降低虾鳝病的发生几率，提高虾鳝养殖产量和效益；三是充分利用饲料资源，有效减少换水、调水次数，降低养殖成本。

一　小龙虾养殖

1. 清塘消毒

每年 10～12 月待黄鳝收获销售结束后，将池水降落一定水

位，用只杀鱼不杀虾的药物（如鱼藤精等）清池消毒，清除小杂鱼。然后再将水加至原来水位，让小龙虾自然越冬。

2. 水草种植

在池塘底层种植沉底水草，在池塘四周种上水花生，为小龙虾营造良好的栖息环境，水草也可以作为龙虾的食物，还可以改良水质。

3. 亲虾投放

每年8~9月，按质量要求每亩投优质亲虾25kg。或4~5月每亩投3cm左右虾苗8 000~10 000尾。

4. 小龙虾饲养管理

3月底对小龙虾进行投食喂养。小龙虾虽属杂食性动物，但也有选择性，植物性饲料中喜食麸皮、面粉，动物性饲料中喜食蚯蚓、小杂鱼、鱼粉、劣质鲜鱼块等。可按30%~40%动物性饲料、60%~70%植物性饲料配制喂养。在池塘四周遮挡物少的浅水区设多处投饲区。日投喂量随虾体增长而逐渐增加，一般占虾体重的5%~10%。日投2次，时间在上午6~7时，下午18~19时，下午投喂量占总量的70%。

5. 小龙虾捕捞

在每年4月上旬开始用地笼进行捕捞，捕到6月上旬止，采用捕大留小的方法。8~9月捕第二期，采取捕小留大的方法，直到留足种虾为止。

二 黄鳝养殖

1. 网箱设置

（1）设箱时间 时间为5月下旬至6月初。

（2）网箱制作 网衣由30目的聚乙烯网片制成，网箱无框架，敞口式，在网箱外边上部附塑料薄膜。

（3）网箱大小 网箱规格为$4m^2$（$2m \times 2m$），太大不利于管理，太小成本较高，网箱高1.2~1.5m。

（4）网箱数量 亩平均40口箱。

（5）网箱架设 箱与箱的间距1.5m左右，顺池边排放，距池埂1.5m左右，便于投喂和日常管理。箱四角固于铁丝上，并绷紧网箱，使网箱悬浮于水中。网箱放入水中浸泡15天，待其有害物质消失后再投放鳝种。

（6）移植水草 模拟黄鳝自然栖息环境，箱内种植水草，如水花生等，水草的覆盖面积占箱体的2/3。鳝种放养前3~5天，对箱内水草及水体用漂白粉消毒。

> 【提示】 虾鳝混养关键是要在网箱外缘上端附10cm左右的塑料薄膜，薄膜下缘不接触水面，防止小龙虾进入网箱内，伤害黄鳝。

2. 鳝种投放

（1）鳝种来源及规格 从当地黄鳝苗种场购买鳝种。规格在50g/尾左右，要求体质健壮、规格整齐、体表光滑、无病无伤。

（2）放养时间及密度 在6~7月放养鳝种。待网箱内水草成活后，选连续两个以上晴天的时间投放。放养量为$2kg/m^2$。

（3）鳝种消毒 为提高鳝种存活率，减少疾病的发生，鳝种放养前应进行消毒。方法有：一是用3%~4%的食盐水浸洗鳝种3~5min；二是用20mg/L高锰酸钾溶液药浴10~20min；三是用10mg/L的亚甲基蓝水溶液浸泡10~15min。

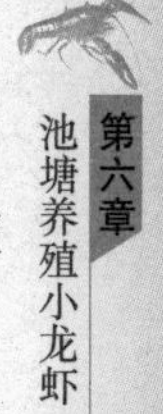

3. 黄鳝投喂

黄鳝的饲料以动物性饲料为主，植物性饲料为辅。投喂要定时、定量，每次以15min吃完为度。

常用的饲料有：

（1）活小杂鱼 直接投喂，投喂量为黄鳝体重的5%~6%，投喂前注意清洗干净，不需驯食。

（2）鲜死鱼或冰冻鱼 绞成鱼浆进行投喂，投喂量为鳝重的5%~6%。大规格的鱼，在投喂前要用沸水煮一下，杀灭其中的致病微生物。

(3) 投喂其他饲料 投喂蚯蚓、河蚌，动物下脚料，麦麸、浮萍，配合饲料。

4. 水质调控

始终保持水质“肥、活、嫩、爽”，透明度在35cm左右，pH为7.0～8.5。种虾入池时，水深掌握在0.6～0.8m之间，以后每隔10～15天注水1次，最高水深控制在1.8～2.0m之间。池塘换水至少15天1次，每次1/5～1/4。使虾池溶氧量在4mg/L以上；每隔15～20天泼洒1次生石灰，用量为5～10kg/亩，以改善水质，增加钙质，利于脱壳。

5. 日常管理

坚持日、夜巡塘，观察小龙虾的摄食、生长、脱壳情况。经常检查箱体，防止箱体被淹或箱体入水过浅；及时修补漏洞；及时割去生长过旺的水草，防止黄鳝沿水草逃逸。经常检查进排水过滤网是否破损，防止小龙虾外逃或野杂鱼等进入。根据天气灵活喂食，晴朗天气正常投喂，雷雨闷热恶劣天气，减少或停止投饲。7～9月是一年中小龙虾容易缺氧的季节，晚上要增加巡塘次数，定时开启增氧机，一般在午夜1时至日出前开机增氧、阴雨天全天开，有时为使池底充气爆气，在晴天的下午14时左右开机一次，防止龙虾浮头。一旦出现浮头要及时换注新水。

6. 病害防治

虾鳝共作，病害发生几率低，养殖过程中以预防为主，治疗为辅。主要方法是：在鳝种投放前，要进行药浴。每隔20～30天全池泼洒聚维酮碘1次，每亩水体水深1m用300～500mL，以预防细菌性疾病。每隔10～15天伴食投喂蠕虫净，预防黄鳝体内寄生虫病。

7. 收获上市

投放规格尾重为50g左右的鳝种，养到10～11月，经过5个多月的饲养，其规格一般可达150～200g以上，这时可以捕捞上市。捕捞方法比较简单，将蚯蚓等诱捕饲料放进用竹篾编织的黄鳝笼，傍晚放于网箱中，第二天清晨便可收笼取鳝。

第七章

莲（藕）与小龙虾共作

在自然状态下，小龙虾和莲藕是一对矛盾体，在莲藕出苫时，小龙虾往往会夹苫，给莲藕生长带来较大影响。以前，农民种莲藕之前均会用溴氢菊酯灭掉小龙虾，来保护莲藕生长。为了解决虾与莲藕的矛盾，达到虾莲藕双赢的目的，各地开展了大量的实践活动，现已成功地探索出了虾莲（藕）共作高效模式。虾莲（藕）共作高效模式不仅效益好，亩平产值6000元左右，分别比单纯种莲、藕或养虾增收80%、75%，还凸显了生态效益，莲藕田为小龙虾提供了丰富的食源、附着物和荫蔽的环境，小龙虾吃掉了杂草和藕蛆，莲藕长势更好。实践证明，莲（藕）与虾共作既可以提高农田复种指数，又可以增加农民收入，还可以为水产加工企业（藕、藕带、小龙虾加工）提供加工原料，是一个一举多赢的种养模式。栽种莲藕的水体大体上可分为莲藕池和莲藕田两种类型。莲藕池多是农村塘坑，水深多在0.5~1.8m之间，栽培期为4~10月。莲藕叶遮盖整个水面的时间为7~9月。莲藕田多是低洼田，水浅，一般为10~30cm，栽培期为4~9月。

莲（藕）与虾共作有两种，即莲虾共作和藕虾共作。这两种模式在种、养殖环境条件和管理要求上都基本相同。

第一节 莲（藕）池准备

一 藕池工程建设

选择通风向阳、光照好、池底平坦、水深适宜、保水性好、水源充足、符合国家标准《渔业水质标准》（GB 11607—1989）的规定，进排水设施齐全，面积5～50亩新旧藕池均可用来养殖小龙虾。

首先对一般藕池做基本改造，可按“田”字或“十”字形挖虾沟，沟宽4～5m、深1～1.5m、距池埂2m左右，养小虾藕池如图7-1所示。加高、加宽、加固池埂，池埂要高出池蓄水平面0.5～1.0m，埂面宽3～4m。旨在高温季节、藕池浅灌、追肥、施药等情况下，一方面为小龙虾提供安全栖息的场所，另一方面还可在莲藕抽苫时，控制水位，防止小龙虾进入莲藕池危害莲藕；防止小龙虾掘洞时将池埂打穿，引发池埂崩塌；防止汛期大雨后发生漫池逃虾。池埂四周用塑料薄膜或水泥瓦建防逃墙，防止小龙虾攀爬外逃。在莲藕池两端对角设置进排水口，进水口要高出池水平面20cm以上，排水口比虾沟略低即可。进排水口要安装过滤网罩，以防止逃虾和敌害生物进池。

图7-1 养小龙虾藕池

二 消毒施肥

在放养小龙虾种苗前10～15天，每亩莲藕池用生石灰100～150kg，兑水全池泼洒，或选用其他药物对莲藕池、沟进行彻底清池消毒，施肥应以基肥为主，每亩施有机肥1 500～2 000kg，要施入莲藕池耕作层内，一次施足，减少日后施肥追肥数量和次数。

第二节　莲藕的种植

一　栽培季节

莲藕要求温暖湿润的环境，主要在炎热多雨的季节生长。当气温稳定在15℃以上时就可栽培，长江流域在3月下旬至4月下旬，珠江流域及北方地区要分别比长江流域提早和推迟1个月左右，有的地方在气温达12℃以上即开始栽培。总之，栽培时间宜早不宜迟，这样使其尽早适应新环境，延长生长期。但是，客观上要求栽培时间不能太早或太晚，太早，地温较低，种藕易烂，若是栽培幼苗，也易冻伤；太晚，藕芽较长，易受伤，对新环境适应能力差，生长期也短。故适时栽培是提高藕产量的重要一环。

二　莲种选择

莲品种宜选择江西省的太空莲36号和福建省的建选17号。这两个品种花蕾多、花期长、产量高、籽粒大，深受农民欢迎。

定植时间一般在3月下旬至4月下旬。种植前水位控制在50cm以下，以10cm水深为宜，每亩选种藕200支，周边距围沟1m，行株距以4m×3.5m为宜，边厢每穴栽3支，中间每穴4支，每亩栽50穴左右。栽时藕头呈15°角度斜插入泥中10cm，末梢露出泥面，边厢的藕头朝向田内。

三　藕种选择

应选择少花无蓬的莲藕品种，如产于江苏苏州的慢藕，产于江苏宜兴的湖藕，由武汉市蔬菜科学研究所选育鄂莲二号和鄂莲四号等都是品质好的莲藕。

莲藕的种子虽有繁殖能力，但易引起种性变异，因此，生产上无论是藕莲还是子莲，均不采用莲子作种子，而是用种藕进行无性繁殖。种藕的田块深耕耙平后，放进5cm左右的浅水后栽植。排种时，按照藕种的形状用手扒开淤泥，然后放种，放种后

立即盖回淤泥。通常斜植，藕头入土深10~12cm，后把节梢翘在水面上，种藕与地面倾斜约20°，这样可以利用光照提高土温，促进萌芽。

种藕的季节一般在清明节前后，要在种藕顶芽萌发前栽种完毕。等藕种成活后即是放养虾种的最好季节。

第三节　虾种放养

一　环境营造

莲藕池养殖小龙虾，首先要人工营造适合小龙虾生长的环境，在虾沟内移植伊乐藻、轮叶黑藻、苦草、空心菜、菹草等沉水植物，为小龙虾苗种提供栖息、嬉戏、隐蔽的场所。

二　放养模式

1. 投放亲虾模式

莲藕种植入后，可根据实际情况选择养虾模式。

在8~9月，从良种选育池塘或天然水域捕捞亲虾，按雌雄比例3:1或5:2投放，每亩投放成熟亲虾25kg。

2. 投放幼虾模式

4月下旬至5月，此时莲藕已成活并长出第一片嫩叶，水位也上升至18℃以上。从虾稻连作或天然水域捕捞幼虾投放，要现捕现放，幼虾离水时间不要超过2h。幼虾规格为2~4cm，投放数量为2 500~8 000尾/亩。在放养时，要注意幼虾的质量，同一田块放养规格要尽可能整齐，放养时一次放足。

幼虾要求色泽光亮、活蹦乱跳、附肢齐全、就近捕捞、离水时间短、无病无伤。

第四节　莲藕池管理

一　饲料投喂

对于莲藕池饲养淡水小龙虾，投喂饲料同样要遵循“四定”

的投饲原则。投喂量依据莲藕池中天然饲料的多少和淡水小龙虾的放养密度而定。投喂饲料要采取定点的办法，即在水较浅、靠近虾沟、虾坑的区域拔掉一部分藕叶，使其形成明水区，投饲在此区内进行。在投喂饲料的整个季节，遵守“开头少，中间多，后期少”的原则。

> **【注意】** 天气晴好时多投，高温闷热、连续阴雨天或水质过浓则少投；大批小龙虾蜕壳时少投，蜕壳后多投。

成虾养殖可直接投喂搅碎的米糠、豆饼、麸皮、杂鱼、螺蚌肉、蚕蛹、蚯蚓、屠宰场下脚料或配合饲料等，保持饲料蛋白质含量在25%左右，6～9月水温适宜，是淡水小龙虾生长旺期，一般每天投喂1～2次，时间在上午9～10时和日落前后或夜间，日投喂量为小龙虾体重的5%～8%；其余季节每天可投喂1次，于日落前后进行，或根据摄食情况于第二天上午补喂1次，日投喂量为小龙虾体重的1%～3%。饲料应投在池塘四周的浅水处，在淡水小龙虾集中的地方可适当多投，以利于其摄食和饲养者检查吃食情况。

二 饲养管理

1. 水位调节

栽后至封行期间应缓慢加深水位，水深从5cm逐渐加深到10cm。一方面有利于土温上升快，发苗快；另一方面，由于水浅，小龙虾只在深沟里活动，不上莲藕池的浅水区，避免小龙虾夹断荷苫。夏至后灌深水20～30cm，让虾上莲藕池活动采食。每天观察莲田情况，如夹断荷梗比较多则适当降低水位，荷梗变粗变老后，小龙虾不再去夹，应上深水。

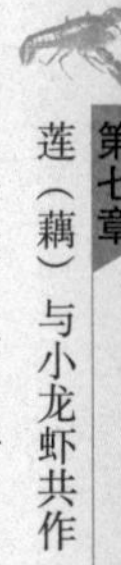

全年水位管理按照“浅—深—浅—深”的原则进行水位管理。即：9～11月浅水位（20～30cm），12月至第二年2月深水位（40～60cm），3～5月浅水位（5～10cm），6～8月深水位（40～80cm）。具体水深根据莲藕池条件和不同季节的水深要求灵

活掌握。

在莲藕池灌深水及莲藕的生长旺季，由于莲藕池补施追肥及水面被藕叶覆盖，水体因为光照不足及水质过肥，常呈灰白色，水体缺氧，在后半夜尤为严重。此时小龙虾常会借助莲藕茎攀到水面，将身体侧卧，利用身体侧的鳃直接进行空气呼吸，以维持生存。在饲养过程中，要采取定期加水和排出部分老水的方法，调控水质，保持池水溶氧量在4mg/L以上，pH 7～8.5，透明度35cm左右。每15～20天换1次水，每次换水量为莲藕池原水量的1/3左右；每20天泼洒1次生石灰水，每次每亩用生石灰10kg，在改善池水水质的同时，增加池水中离子钙的含量，促进小龙虾蜕壳生长。

2. 适时追肥

莲藕立叶抽生后追施窝肥，每亩追施优质三元复合肥和尿素各10kg。快封行时，再满池追施1次肥料，每亩追施优质三元复合肥和尿素各15kg。莲盛花期还要再追施1次肥料，每亩追施优质三元复合肥和尿素各20kg，确保莲蓬大，籽粒饱满。追肥时，如果肥料落于叶片上，应及时用水清洗掉。

3. 饲料投喂

由于莲藕池水草茂盛，各种底栖动物、有机碎屑等丰富，一般不需投喂人工饲料。可在虾沟内投一些水草，在小龙虾的生长旺季可适当投喂一些动物性饲料如锤碎的螺、蚌及屠宰厂的下脚料等。每天早晚坚持巡池，观察沟内水色变化和虾活动、吃食、生长情况。

4. 病虫防治

莲藕池病害主要有褐斑病、腐败病、叶枯病等。要选用无病种藕，栽植前用绿亨一号2000倍或者50%多菌灵800倍水溶液浸种藕24h。发病初期选用上述药剂喷雾防治。虫害主要有斜纹夜蛾、蚜虫、藕蛆。对斜纹夜蛾，需人工采摘3龄前幼虫群集的荷叶，踩入泥中杀灭。对蚜虫可在池间插黄板诱杀。藕蛆作为小龙虾的食源，无需防治。

三 藕带采摘

莲虾共作模式中，藕带是主要的经济收入之一，藕虾共作模式一般不采摘藕带。藕带是莲的根状茎，横生于泥中，并不断分枝蔓延。新鲜的藕带有较好的脆性，风味佳，营养丰富，是人们餐桌上的美味佳肴。采摘藕带是增加种莲收入的重要途径，每亩可采藕带30kg。新莲池一般不采藕带，2～3年的座蔸莲池要采摘，3年以上重新更换良种。藕带采摘期主要集中在每年的4～6月。4月上中旬开始采收，5月可大量采收。采收的方法是找准对象藕苫，右手顺着藕苫往下伸，直摸到苫节为止，认准藕苫节生长的前方，用食指和中指将苫前藕带扯出水面，再用拇指和食指将藕苫节边的带折断洗净。采后运输销售时放于水中养护，以防氧化变老。

四 莲籽采收

莲虾共作模式中，莲是又一主要的经济收入，在藕虾共作模式中，莲是副产品。鲜食莲籽在早晨采收上市。准备加工通心白莲的采收八成熟莲籽，除去莲壳和种皮、捅除莲心，洗净沥干再烘干。采收壳莲的，待老熟莲籽与莲蓬间出现孔隙时及时采收，以免遗落田间。

五 藕的采挖

在藕虾共作模式中，藕是主要的经济作物，小龙虾是辅助收益。

1. 采挖时间

10月上中旬当地上部分已基本枯萎时开始采收，越冬时只要保持一定水层，可一直采收到第二年2月下旬。

2. 采挖前准备工作

采挖前先将池水排浅或排干，挖藕结束，清整好泥土，再灌水入池，进入下一生产周期。

3. 采挖方法

采收藕有两种方法，一是全池挖完；二是抽行挖藕，即抽行

挖去3/4的面积，留1/4的面积不挖，作为来年藕种。

六 小龙虾收获上市

上年8月投放的亲虾，到第二年5月上旬，就有一部分小龙虾能够达到商品规格，可以开始捕捞了。将达到商品规格的小龙虾上市，未达到规格的继续留在莲田内继续饲养，能够降低田中小龙虾的密度，促进小规格的虾快速生长。

在莲藕池捕捞小龙虾的方法很多，可采用虾笼、地笼等工具进行捕捞，最后可采取干池捕捞的方法。没捕捞完的虾可作为亲虾继续下年的养殖。

——第八章——

湖泊、草荡养殖小龙虾

第一节　湖泊、草荡的准备

草荡、湖泊养殖小龙虾，是指利用天然大水面优越的自然条件与丰富的生物饲料资源进行养殖生产的一种模式。它具有省工、省饲、投资少和回报率高等特点，小龙虾还可以和鱼、蟹混养及水生蔬菜共生，综合利用水体，建立生产、加工、营销规模经营产业链，是充分利用我国大水面资源的有效途径。

一　湖泊、草荡的选择

选择水源充沛、水质良好、水位稳定且能够控制，水生动、植物等天然饲料生物丰富，出水口少，封闭性较好的湖泊、草荡，有利于防逃和捕捞。

在湖泊中养殖小龙虾，在国外早已有之，方法也很简单，但它对湖泊的类型有要求：一是草型湖泊；二是浅水型湖泊。那些又深又阔或者是过水性湖泊，则不宜养殖小龙虾。目前长江中下游地区的草型湖泊发展十分迅速。

二　工程建设

1. 湖泊设施

湖泊养小龙虾，由于水面宽广，需要用围网分割，便于投饲

和捕捞。

网围养虾的地点应选择在环境比较安静的湖湾地区，水位相对稳定，湖底平坦、风浪较小、水质清新、水流畅通，避免在河流的进出水口和水运交通频繁地段选点。要求周围水草和螺蚬等饲料丰富，无污染源，网围区内水草的覆盖率在50%以上，并选择一部分茭草、蒲草地段作为小龙虾的隐蔽场所。湖岸线较长，坡地较平缓，常年水深在1m左右。

但是要注意水草的覆盖率不要超过70%。生产实践证明，水浅草多，尤其是蒿草、芦苇、蒲草等挺水植物过密，水流不畅的湖湾岸滩浅水区，夏秋季节水草大量腐烂，水质变臭（渔民称酱油水、蒿黄水），分解出大量的硫化氢、氨、甲烷等有毒物质和气体，有机耗氧量增加，造成局部缺氧，引起养殖鱼类、小龙虾、珍珠蚌甚至螺蚬的大批死亡，这样的地方不宜养殖小龙虾。

网围设施由拦网、石笼、竹桩、防逃网等部分组成。拦网用网目2cm，3×3聚乙烯网片制作。网高2m，装有上下纲绳，上纲固定在竹桩上，下纲连接直径为12～15cm的石笼，石笼内装小石子，每米石笼装5kg，踩入泥中。竹桩的毛竹长度要求在3m以上，围绕圈定的网围区范围，每隔2～3m插一根竹桩，要垂直向下插入泥中0.8m，作为拦网的支柱。防逃网连接在拦网的上纲，与拦网向下成45°夹角，并用纲绳向内拉紧撑起，以防止小龙虾攀网外逃。为了检查小龙虾是否外逃，可以在网围区的外侧下一圈地笼。

网围区的形状以圆形、椭圆形、圆角长方形为最好，因为这种形状抗风能力较强，有利于水体交换，减少小龙虾在拐角处挖坑打洞和水草等漂浮物的堆积。每一个网围区的面积以10～50亩为宜。

2. 草荡设施

对于草荡，由于面积较湖泊小，可不用围网，工程量相应减少。在渔业生产上，把利用芦荡、草滩、低洼地养小龙虾的做法统称草荡养虾。草荡养虾类型多种多样，有的专门养殖小龙虾，有的进行鱼、虾、蟹混养，虾、蟹、蛙混养。

草荡的生态条件虽然较为复杂，但它具有养殖小龙虾的一些有利条件。草荡多分布在江河中下游和湖泊水库、附近水源充足的旷野里，面积较大，可采用自然养殖和人工养殖相结合，减少人为投入；草荡中多生长着芦苇、慈姑等杂草，构成小龙虾摄食和隐蔽的场所；草荡水浅，水温宜升高，水体易交换，溶氧足；草荡底栖生物较多，有利于螺、蚬、贝等小龙虾喜爱的饲料生长。草荡设施主要包括以下 6 个环节：

（1）选好地址 将要养虾的草荡选择好，在四周挖沟围堤，沟宽 3 ~5m，深 0.5 ~0.8m。

（2）基础设施 在荡区开挖“井”、“田”形沟，宽 1.5 ~2.5m，深 0.4 ~0.6m。

（3）营造小龙虾的洞穴环境 可以在草荡中央挖些小塘坑与虾道连通，每坑面积 $200m^2$。用虾道、塘坑挖出的土顺手筑成小埂，埂宽 50cm 即可，长度不限。

（4）移植水草 对草荡区内无草地带还要栽些伊乐藻等沉水植物，保持原有的和新栽的草覆盖荡面 45% 左右。

图 8-1 草荡防逃设施

（5）进排水系统 对大的草荡还要建控制闸和排水涵洞，以控制水位。

（6）防逃设施 可用宽 60cm 的聚乙烯网片，沿渠边利用树木做桩把水渠围起来，然后用加厚的塑料薄膜缝在网片上，将网片埋入地下 20cm 即可。防止小龙虾逃跑和老鼠、蛇等敌害生物入侵。草荡防逃设施如图 8-1 所示。

三 清除敌害

乌鱼、鲶鱼、蛇等是小龙虾的天敌，必须严格加以清除。因此，在下拦网前一定要用各种捕捞工具，密集驱赶野杂鱼类。最好还要用石灰水、巴豆等清塘药物进行泼洒，然后放网并把底纲的石笼踩实。草荡中敌害较多，如凶猛鱼类、青蛙、蟾蜍、水老鼠、水蛇等。在虾种刚放入和脱壳时，抵抗力很弱，极易受害，要及时清除敌害。进排水管口要用金属或聚乙烯密眼网包扎，防止敌害生物的卵、幼体、成体进入草荡。在虾种放养前 15 天，选择风平浪静的天气，采用电捕、地笼和网捕除野。用几台功率较大电捕鱼器并排前行，来回几次，清捕野杂鱼及肉食性鱼类。药物清塘一般采用漂白粉，每亩用量 7.5kg，沿荡区中心泼洒。要经常捕捉敌害鱼类、青蛙、蟾蜍。对鼠类科在专门的粘贴板上放诱饵，诱粘住它们，继而捕获。

四 苗种放养

小龙虾的苗种放养有两种方式：一是放养 3cm 的幼虾，每亩放 0.5 万尾，时间在春季 4 月，当年 6 月就可成为大规格商品虾；另一种就是在秋季 8 ~ 9 月放养亲虾，每亩放 25kg 左右，第二年 4 月底就可以陆续出售商品虾，而且全年都有虾出售。另外，可放养 3 ~ 4cm 规模鲢鳙鱼夏花 500 ~ 1 000 尾。

五 饲养管理

1. 合理投喂

在浅水湖泊和草荡，水草和螺蚬资源相当丰富，可以满足小龙虾摄食和栖居的需要。经过调查发现，在水草种群比较丰富的条件下，小龙虾摄食水草有明显的选择性，爱吃沉水植物中的伊乐藻、菹草、轮叶黑藻、金鱼藻，不吃聚草，苦草也仅吃根部。因此，要及时补充一些小龙虾爱吃的水草。

小龙虾投喂时应尽可能多投喂一些动物性饲料，如小杂鱼、螺蚬类、蚌肉等。小龙虾摄食以夜间为主，一般每天傍晚投喂

1 次。

2. 水质管理

草荡养虾要注意草多腐烂造成的水质恶化，每年秋季较为严重，应及时除掉烂草，并注新水，水体溶氧量要在5mg/L以上，透明度要达到35～50cm。注新水应在早晨进行，不能在晚上，以防小龙虾逃逸。注水次数和注水量依草荡面积、小龙虾的活动情况和季节、气候、水质变化情况而定。为有利于小龙虾脱壳和保持脱壳的坚硬和色泽，在小龙虾大批脱壳前用生石灰全荡泼洒，用量为每亩20kg。

3. 日常管理

要坚持每天严格巡查网围区防逃设施是否完好。特别是虾种放养后的前5天，由于环境突变，小龙虾到处乱爬，最容易逃逸。另外，由于网围受到生物等诸多因素的影响造成破损，稍不注意，将造成小龙虾外逃。7～8月是洪涝汛期和台风多发季节，要做好网围设施的加固工作，还要备用一些网片、毛竹、石笼等材料，以便急用。网围周围放的地笼要坚持每天倒袋。如发现情况，及时采取措施。此外，还要把漂浮到拦网附近的水草及时捞掉，以利于水体交换。如果发现网围区内水草过密，则要用刀割去一部分水草，形成3～5m的通道，每个通道的间距20～30m，以利于水体交换。为了改善网围区内的水质条件，在高温季节，每半个月左右用生石灰泼洒1次，每亩水面20kg左右。

在小龙虾生长期间严格禁止在养虾湖泊内捞草，以免伤害草中的虾，特别是脱壳虾。

第九章
小龙虾其他养殖方式

水生经济作物田块和沟渠等环境养殖小龙虾，其原理和稻田及池塘养殖基本相似，选址和建设一般按池塘养殖模式进行。具体内容包括进排水系统、虾沟、防逃设施等。

第一节　茭白池养殖小龙虾

茭白又叫茭笋、篙芭，古称菰。原产我国，在长江流域各地，尤其江南一带多利用浅水沟、低洼地种植。茭白肉质洁白、柔嫩，含有大量氨基酸，味鲜美，营养丰富，可煮食或炒食，是我国特产的优良水生蔬菜。池上长茭白，池底养小龙虾是当今正在广泛推广的一种立体种养模式。

一　茭白池的改造

水源充足、无污染、排污方便、保水力强、耕层深厚肥沃、面积在 1 亩以上的池塘，均可用于种植茭白作物和养殖小龙虾。

改造工程包括以下三方面：其一，开挖虾沟，沿埂内四周开挖宽 2 ~4m、深 1 ~1.5m 的环形虾沟，池塘较大的中间还要适当开挖中间沟，中间沟宽 0.5 ~1m，深 0.5m，总面积占池塘面积的 6% ~8%；其二，安装防逃设施，在放养小龙虾前，要将池塘进排水口安装网拦设施，可用宽60cm的聚乙烯网片，沿渠边利用树木做桩把水渠围起来，然后用加厚的塑料薄膜缝在网片上，将网片埋入地下20cm即可，防止小龙虾逃跑和老鼠、蛇等敌害生物入侵；其三，施基肥，每年2～3月种茭白前施底肥，可用腐熟的猪、牛粪和绿肥，用量为1500kg/亩，还要另加钙镁磷肥20kg/亩和复合肥30kg/亩。翻入土层内，耙平耙细，泥肥均匀混合，即可移栽茭白苗木。

二 茭白苗木移栽

在9月中旬至10月初，茭白采收时进行选种苗，选取植株健壮、高度中等、茎秆扁平、纯度高的优质茭株作为移栽株并及时移植。待茭株成活后，在第二年3月下旬至4月中旬再将茭墩挖起，用刀具顺分蘖处将其劈开成数小墩，每墩带匍匐茎和健壮分蘖芽4～6个，剪去叶片，保留叶鞘长16～26cm，减少水分蒸发。做到随挖、随分、随栽，使其提早成活。株行距按栽植时期，分墩苗数和采收次数而定，双季茭采用大小行种植，大行距1m，小行距80cm，穴距50cm，每亩1 000株左右，每穴6～7棵苗，栽植深度以根茎和分蘖基部入泥土、分蘖苗芽稍露水面为宜。

三 虾种投放

在虾种下池前，也就是在茭白苗移栽前10天左右，要对虾沟进行清理消毒。待虾沟毒性消失后，再行放苗。每亩可放养2～3cm的小龙虾幼虾0.5万～1.0万尾。先期应将幼虾投放在浅水及凤眼莲浮植区，水生植物供其攀缘附着，能显著提高幼虾的成活率。也可投放种虾，每亩投放性成熟的亲虾25kg，在茭白池中自繁自养。

四 饲养管理

茭白的栽培遵循“浅-深-浅”规律，即浅水栽植、深水活棵，浅水分蘖。在茭白萌芽前灌水深30cm，栽后保持水深50～80cm，分蘖前宜浅水，可促进其分蘖和发根。至分蘖后期，水加深至

100cm，可以控制无效分蘖。在 7～8 月高温期时，宜保持水深 120～150cm。

小龙虾的饲料要坚持因地制宜，就近取材。根据季节变化粗、精料配合使用。如菜饼、豆渣、麦麸皮、米糠、蚯蚓、蝇蛆、鱼用颗粒料和其他水生动植物都可作为小龙虾的优质饲料源。自制混合饲料成本低、效果好。投喂的动物性饲料包括螺蚌肉、鱼糜、蚯蚓或捞取的枝角类、桡足类，以及动物屠宰企业的下脚料等，投喂方法是沿虾池边四周浅水区定点多点投喂。投喂量一般为虾体重的 5%～12%，采取“四定”投喂法，每天仅傍晚 18～19 时投喂一次即可。

通过人工施有机肥来保持池底肥力。基肥常用人畜粪、绿肥。追肥多用化肥，宜少量多次，可选用尿素、复合肥、钾肥等，有机肥应占总肥量的 70%。禁用碳酸氢铵，其入水后易水解出 NH_4^+ 并分解出 NH^3，小龙虾对该物质十分敏感。

做好疾病预防工作，科学诊断，对症用药。选用高效低毒、无残留、没有副作用的农药。施药后应及时换注新水，严禁在中午高温时间用药，避免造成生产事故。

五 收获上市

按采收季节茭白可分为一熟茭和两熟茭。一熟茭，又称单季茭，为严格的短日性植物。在秋季日照变短后才能孕茭，每年只在秋季采收 1 次。一熟茭对水肥条件要求不高。主要品种有广州的大苗茭、软尾茭、象牙茭、寒头茭等。两熟茭，又称双季茭，对日照长短无特殊要求，除炎热的盛夏不能孕茭外，初夏和秋季都能孕茭。栽植当年秋季采收 1 次，称秋茭。第二年初夏再采收 1 次，称夏茭。两熟茭对肥水条件要求较高。主要品种有杭州梭子茭，苏州小腊茭、两头早、无锡中介茭等。采收茭白后，应该用手把墩内的烂泥培上植株茎部，以备再生。茭白枯叶腐烂后是小龙虾的饲料。一般亩产茭白 750～1000kg。小龙虾的捕捞收获可以用地笼完成。分期捕捞后，必须及时补足虾种，通过轮捕轮放方式，一般亩产小龙虾200kg以上，小龙虾单项收益在6000元以上。

第二节 沟渠养殖小龙虾

用于灌溉、防汛的河沟、渠道面积大，用途单一。由于这些水域都是过水性的，而且水位较浅，加上地处荒野，管理不便，使其多数闲置，造成资源浪费。如果加以科学规划与管理，用这些闲置的沟渠来养殖小龙虾，可使农业增效、农民增收。

一 沟渠条件

要求沟渠水源充足，水质良好，注排方便，水深0.7~1.5m，不宜过深。最好是常年流水养殖，那么小龙虾产品比池塘养殖的质量更佳，色泽更亮丽，价格也更高，潜力巨大。

如果沟渠的地势略带倾斜就更好了，这样可以创造深浅结合、水温各异的水环境，充分利用光能升温，增加有效生长水温的时数与日数，同时也便于虾栖息与觅食。

二 放养前准备

1. 做好拦截和防逃工作

小龙虾逃逸能力较强，尤其是在沟渠这样的活水中更要注意，必须做好防逃设施。在两个桥涵之间用铁丝网拦截，丝网最上端再缝上一层宽约25cm的硬质塑料薄膜作防逃设施。防逃设施可用塑料薄膜、钙塑板、水泥瓦或者网片，沿沟埂两边用竹桩或木桩支撑围起防逃，露出埂上的部分为50cm左右。如果使用网片，需在上部装上20cm的塑料防逃沿。

2. 做好清理消毒工作

沟渠不可能像池塘那样方便抽干水后再行消毒，一般是尽可能地先将水位降低后，再用电捕工具将沟渠内的野杂鱼、生物敌害电死并捞走，最后用漂白粉按每亩10kg（以水深1m计算）的量进行消毒。

3. 施肥

在小龙虾入沟渠前10天进水深30cm，每亩施腐熟畜禽粪肥300kg，培育轮虫和枝角类、桡足类等浮游生物，第一次施肥后，可根据水色、pH、透明度的变化，适时追施一次肥料，使池水pH保持在7.5~8.5之间，培育水色为茶褐色或淡绿色。

4. 栽种水草

沿沟渠护坡和沟底种植一定数量的水草，选用苦草、伊乐藻、空心菜、水花生、凤眼莲、菱角、茭白等，种草面积以沟渠总面积的70%为宜。水草既可作为小龙虾的天然食物，又能为其提供栖息和蜕壳环境，缩小活动范围，防止逃逸，减少相互残杀，还具有净化水质、增加溶氧、消浪护坡、防止沟埂坍塌的作用。

5. 安装安全网罩

进水口须安装安全网罩或网袋，即过滤网，一般采用60~80目聚乙烯网绢或金属网绢，防止敌害生物如鱼类、蛙类、蛇等进入养殖池，蚕食虾种，尤其是小龙虾蜕壳时，最容易受到伤害，还可以防止小龙虾外逃。

三 虾种放养

在沟渠中养殖小龙虾虾种有两种投放方法：一是每年8~9月投放抱卵亲虾，密度为每亩水面25kg左右；二是4月投放3cm左右幼虾1万尾左右。第一次投放虾苗或亲虾的质量很重要，它关系到当年的产量和收益，也关系到第二年的收益，因为，第二年的虾种来源于第一年小龙虾自然繁殖的虾苗，可以不再投放或补充虾种。

四 饲料投喂

在利用沟渠养殖时，可培育其丰富的动植物饲料资源，减少投喂量，降低养殖成本，提高养殖效益。如在沟渠中投放螺蛳成体、螺蛳幼体、水蚯蚓等，水生底栖动物一般都是小龙虾的优质饲料。每亩沟渠投放300kg左右的螺蛳，既可改善池塘水质，又可使小龙虾有充足的天然饲料，不需再投人工饲料。

饲料投喂以植物性饲料为主，如新鲜的水草、水花生、空心菜、麸皮、米糠、泡胀的大麦、小麦、蚕豆、水稻等作物。有条件的投放一些动物性饲料，如砸碎的螺蛳、小杂鱼和动物内脏、食品企业的下脚料鱼糜肉糜等。在饲料充足、营养丰富的条件下，可以快速提高小龙虾的生长速度，幼虾 40 天左右就可达到上市规格。

五 饲养管理

建立巡池检查制度，定期检查饲料残留、小龙虾活动、防逃设施等情况。沟渠最好是常年流水，对于那些静水沟渠来说，水质要求保持清新。每 15 ~ 20 天换 1 次水，每次换水 1/3 左右。每半月泼洒 1 次生石灰水，每次每亩用生石灰 10kg，或漂白粉 0.5kg，调节水质，有利于小龙虾蜕壳生长。

第三节 林间建渠养殖小龙虾

随着我国两型社会建设和林业生态工程建设的推进，一些曾经被挤占的林地被陆续退耕还林。养殖户可以利用这些退耕林区的空闲地带，尤其是低洼地带，稍加改造，辅添一定设施，设计成浅水沟渠或池塘养殖小龙虾，每亩产量可达 200kg 左右，获纯利 3000 元以上。

这是一种植和养殖双赢的高效林业模式，由于林间保水性能得到加强，既有利于树木的生长，又能充分利用土地资源创造效益，且方法简单，可操作性强，又便于管理。具体方法与稻田养虾基本相似。

一 开挖浅水渠

根据地形地貌特点，因地制宜，首先在树林行距间开挖一条长若干米的沟渠，宽约 1.5m、深约 1m，使沟渠离两边苗木至少有 50cm 的安全距离。在渠底铺设一层厚质工程塑料薄膜，用来

保水保肥，既可防止沟渠内的蓄水外流，又可防止渠水浸泡树苗。然后在薄膜上覆盖一层厚15～20cm的泥土或沙土，起保肥作用，并为小龙虾栖息提供场所。加高、加固水渠的围堤，夯实堤岸，以防漏水，林地养殖小龙虾如图9-1所示。渠挖成后，施用有机肥或农家牲畜厩肥培肥水质，每亩施发酵的猪粪或牛粪250kg，后期可根据水色的深浅和饲料生物的丰歉适当追肥。

图9-1 林地养殖小龙虾

二 沟渠养殖环境的营造

在浅水沟渠内，人工制造一些适宜小龙虾生长栖息的小生境，在间隔1～2m处，修建一个露出水面约1.0m^2的浅滩，在浅滩的四周，可用竹筒、塑料瓶、石棉瓦等材料设置一些大小不同的洞穴，供虾隐藏。渠内和浅滩要移植水草，如苦草、轮叶黑藻、菹草、莲藕、茭白等沉水植物，同时还要移植少部分凤眼莲、浮萍等漂浮植物。水草覆盖范围要占渠面积的50%以上。水草和浅滩是小龙虾栖息、掘洞、嬉戏、繁殖的最佳环境。在渠内放置一些树枝、树根、砖块、瓦片等可形成人工洞穴，相对缩小其活动区间，有利于小龙虾的快速生长。

三 安装防逃设施

小龙虾在活水环境中生性活泼，喜欢外逃，因此，要安装好防逃设施。用宽60cm的聚乙烯网片、金属网片或塑料板块，沿渠边利用树木做桩把水渠围起来，然后把加厚的塑料薄膜缝在网片上即可，如图9-1所示。

四 虾种投放

小龙虾投放方法可参考稻田、藕池养殖小龙虾的方法。尤以投放亲虾效果好，每亩放亲虾 25 ~ 30kg 就可以了。还可以放养体长为3cm 的幼虾，密度为20 ~30 只/m^2。在虾种下池前要对其消毒，用3% ~ 5%的食盐水洗浴 5min 即可。然后将其放入沟渠的浅水区，任其自由爬行。放虾苗时，人为操作要轻、快，避免将盛虾容器直接倒入深水区。投放时间一般选择在晴天的早晨或傍晚，是一天中气温和水温相对稳定的时候。

五 饲料投喂

小龙虾的饲料投喂与其养殖方法是一致的，可参照进行。林间沟渠范围狭小，投喂时要选好点，做到定点投喂。通常沿渠边的浅水区，呈带状抛撒或每隔 2m 敷设一个投喂点，循环投喂。投喂量按沟渠虾总体重的6% ~ 12%计算，一天早晚各1次，每次投喂以在1 ~2h 摄食完最为合适。

六 水质调节

林间的浅水沟渠保持常年流水状态有利于小龙虾的高效养殖。对于静水水体，可以每15 ~20 天换1次水，每次换水量为沟渠总蓄水量的1/3。每隔15天左右泼洒1次生石灰或漂白粉化水溶液对水体进行杀菌消毒，调节水质，有利于小龙虾蜕壳。剂量为每次每亩用生石灰 10kg，或漂白粉0.5kg。适时追施发酵的有机粪肥，供水草生长和培养饲料生物，也可以起到调节水质的作用。

> **【注意】** 保持浅水渠中的水位相对稳定，有利于环境保护，因为水位不稳定时虾掘洞较深，破坏渠埂，还影响小龙虾健康生长。

第四节 庭院养殖小龙虾

小龙虾体形独特，活泼可爱，即可食用，也有一定的观赏价

值。养殖户利用房前屋后的空地挖土池、建水泥池，或在天井、庭院内建池，进行小范围高密度养殖小龙虾，通过投喂饲料强化培育与人工暂养育肥相结合，既可增加小龙虾的体重，又可提高小龙虾的品质。庭院养殖可因地制宜，占地面积小、病害少、增速快，可获得很好的经济效益，现已经成为农民朋友增收致富的好项目。

一 虾池建设

庭院养虾池选择在房前屋后的空地围院建虾池，利用地下水或自来水作养殖水源。虾池可以分为土池和水泥池两种，以水泥池最为实用。虾池的形状可以是方形、圆形或其他形状，以充分利用庭院面积为宜。池底、池壁都要用实心砖砌成，并用水泥抹光滑。底面铺上15~20cm厚的富含腐殖质的泥土，土质最好是半砂质的。池面积20~200m^2，深1.5m左右，设有完善的、相对的进排水设施，池底向排水口一侧倾斜。进水口要安装好60~80目的过滤网，防止水中敌害生物进入危害幼虾。池埂上用竹片、网绢围起高40cm的防逃墙。虾池的正上方还需用竹竿或树干搭建架子种丝瓜、葡萄、黄豆等，给小龙虾池遮阴和降温。虾池水面种植凤眼莲、水花生、浮萍、菹草、轮叶黑藻、茭白等水生植物，约占池面积的1/3~2/3。同时在池底还要设置小龙虾栖息场所，如安设瓦砾、砖头、石块、网片、旧轮胎、草笼、塑料瓶等作虾巢，供虾隐蔽栖息和防御敌害。在庭院新建小龙虾池可用生石灰水带水清塘，每亩用量为80~120kg。若是新建水泥池，则要用醋酸脱碱后方能使用。

二 虾种投放

在虾苗放养前10~15天，可按每亩水面施猪粪等充分腐熟粪肥150kg的量来培肥水质，培育浮游生物及提供适量的有机碎屑用做幼虾饲料。放养虾苗宜在晴天的早晨和傍晚进行，一般放养规格为3cm的幼虾，要求虾种肢体完整、规格整齐、大小一致、健壮活泼，一般每平方米放虾种80~120只左右。在水温

18～28℃时，饲料充足，经过60～80天左右的饲养，成活率可达80%，成虾规格可达24～40只/kg，亩产量在600kg以上、经济效益在10 000元以上。

三 饲料投喂

投喂以小鱼、小虾、螺蚬、蚌肉、水蚯蚓、鱼糜、屠宰场下脚料等动物性饲料为主，适当投喂一些瓜类、蔬菜等青绿饲料。在放苗后3天内，投以小龙虾喜食的鱼糜、水蚯蚓等，3天后至1个月内投喂小杂鱼、动物下脚料、碎肉或配合饲料。待虾苗长至6～7cm时，可全部投喂轧碎的螺蛳、河蚌及适量的植物性饲料如麦子、麦麸、玉米、饼粕等，最好投喂配合饲料。日投喂量以每次投喂在1h内吃饱、吃完为宜。日投喂量可占全池幼虾体重的8%～15%，成虾按体重的5%～10%计算。一天投喂2～3次，早晨和傍晚各1次，定点投放在接近水位线的池边上或池边浅水处。视水色、天气、摄食活动情况等增减投喂量。在水色过浓、小龙虾登岸数量较多时，应减少投喂量。阴雨天、天气闷热、有暴雨前兆时要少喂或停喂，晴天要多喂。如发现病虾、死虾，要及时捞出，并查明原因及时处理。对于摄食情况较差的虾池，要及时清除残渣、污物，并减少投喂量或调换适口喂料。待小龙虾活动恢复正常时，应增加投喂量。始终做到喂料新鲜适口，质优量足，满足其生长要求。

四 日常管理

1. 水质管理

由于小龙虾生长快，新陈代谢旺盛，耗氧量大，故虾池水质要保持清新。池水每日换1次或隔日换1次，每次换水量为池水的1/3～1/2，使用微流水效果最好。每月需清洗池底污物，扫除残渣，使水质保持清新。确保透明度在30～40cm之间。遇酷热天气，要适当加深池水，以稳定池水水温。严防水质污染。

2. 遮阳控温

小龙虾喜欢生活在阴暗的环境里，如水草中、洞穴里，通过

在水中设置阶层状栖息台，或水草垛，有利于小龙虾的生活，能获得较快生长。在每一天中，水温尽可能保持相对稳定，突然的变化会引起小龙虾的应激反应。通过换水、遮阴等办法控制虾池的水温，使小龙虾始终生活在一个比较适宜的环境里。

3. 疾病预防

放养前虾池消毒，按每亩 60～75kg 生石灰，化水后全池泼洒，杀死池中有害生物。虾苗下塘前还要做好体表消毒，防止病原体带入池内。定期用生石灰或漂白粉消毒虾池，适时加注新水，保持池水清洁卫生。在饲料中添加多种维生素，增强其免疫力。采用药物、鼠夹、鼠笼、电猫等工具灭鼠，消灭老鼠、水蜈蚣等敌害。发现病害，立即查找病因，进行有效治疗。定期检查维修和加固防逃设施，确保养殖安全。

第十章 小龙虾的饲料与营养

小龙虾的饲料，要符合标准《无公害食品　渔用配合饲料安全限量》（NY 5072—2002）要求，满足小龙虾的营养需要，确保质量安全。同时，还要提高饲料的利用率，并把饲料对环境的污染降到最低点。

第一节　饲料营养与营养平衡

饲料的能量、必需氨基酸、必需脂肪酸、碳水化合物、维生素及矿物质等营养的缺乏或不足均能影响饲料的营养平衡状况，影响饲料效率，从而影响小龙虾的生长，降低养殖效果。

一　能量的需要与平衡

能量由营养物质提供，能量不足或过高都会影响小龙虾的生长。设计配方必须要考虑到饲料中能量与蛋白质的平衡。当饲料中能量不足时，饲料中蛋白质就会作为能量被消耗殆尽。而当饲料中能量过高时，就会降低小龙虾的摄食量，相应减少蛋白质或其他营养物质的摄入量，从而造成饲料浪费，也影响小龙虾生长。

二　蛋白质的需要与平衡

蛋白质是维持小龙虾生命活动所必需的营养物质，其含量的

高低影响着饲料的成本。一般认为小龙虾幼苗阶段，饲料中蛋白质含量应为40%，成虾阶段为33%。值得注意的是，在饲料中添加适量的动物性蛋白，能进一步促进小龙虾的生长，降低饲料系数。小龙虾对蛋白质的需求实质上是对氨基酸的需求，尤其是对必需氨基酸的需求。当饲料蛋白中氨基酸的组成比例与小龙虾蛋白的氨基酸组成较为一致时，小龙虾就会获得最佳生长效果。

三 脂肪和必需脂肪酸

饲料中脂肪既是能量来源又是必需脂肪酸的来源，同时脂肪又能促进脂溶性维生素的吸收，因此在饲料配制中要突出其地位。一般脂肪含量为：成虾料3%，幼虾料5%。当含量达到8%以上时，小龙虾生长率反而下降，并出现脂肪肝病。

四 碳水化合物

碳水化合物是饲料中廉价的能源，如能充分合理地利用碳水化合物，则能大大降低饲料成本。应当指出的是，小龙虾对碳水化合物的利用远不如其他鱼类，饲料中过量的碳水化合物将会积累在肝脏中，损坏肝脏，形成脂肪肝。但是适当添加维生素，即使饲料中含50%的碳水化合物，小龙虾的肝脏也是正常的，仍能维持正常生长。一般认为，小龙虾饲料中碳水化合物的适宜含量为25%～30%。

五 维生素和矿物质

维生素是维持小龙虾身体健康、促进小龙虾生长发育和调节生理机能所必需的一类营养元素，饲料中如长期缺乏维生素，将造成小龙虾代谢障碍，严重时将出现维生素的缺乏症。

矿物质是维持小龙虾生命所必需的物质，包括常量元素和微量元素，由于小龙虾能够从水体中摄取部分矿物元素，使众多配方人员忽略了矿物质的重要性。近年来，小龙虾无机盐缺乏导致其生长缓慢，甚至缺乏症的出现一再表明小龙虾饲料中仍然需要添加矿物质。

第二节 饲料的评价与选择

小龙虾养殖要求饲料新鲜，营养丰富，大小适口，并在饲料台上投喂。投喂方式与鱼类相同，上、下午各投喂1次。天气晴朗、适宜水温为21~28℃、水质好、个体大、吃食旺，饲料可适当多投，否则应酌情减少。

小龙虾饲料种类很多，但主要有以下几种。

一 配合饲料

配合饲料主要有粉状料、糖化发酵饲料、颗粒饲料、微囊颗粒浮性饲料等。投喂配合饲料是规模化养虾的最佳选择。其优点是饲料利用率高，对水体造成的污染小。近年来养殖试验也证明了配合饲料适合于小龙虾高密度集约化养殖。要求配合饲料的蛋白质含量较高，一般在30%~40%，适口性好，小龙虾嘴小，要便于其摄食。

二 动物性饲料

动物性饲料主要有浮游动物、动物活饲料及动物下脚料（如动物内脏）等；人工养殖时投喂的鲜活饲料包括蚯蚓、蚕蛹、蝇蛆、河蚌、螺蚬、黄粉虫、小杂鱼及白鲢肉糜，这些饲料适口性好，饲料中蛋白质含量较高，营养成分全面，饲料转化率高，小龙虾能很快形成摄食习惯，但数量有限，无法长期稳定供应，尤其是大规模养殖时，这一对供需矛盾更加突出。

蚯蚓是小龙虾最喜食的饲料，干体蛋白质含量达61%，接近鱼粉和蚕蛹。这些饲料的共同点是蛋白质含量高，营养丰富，有利于小龙虾的生长发育，是网箱养虾的最佳饲料。

三 植物性饲料

植物性饲料主要有谷类，如麦粉、玉米粉、米糠、豆渣等。投入一定量的富含纤维素的植物饲料，有利于促进小龙虾的肠道蠕动，提高摄食强度和饲料利用率。通常在配合饲料中添加一定量的麦粉（同时又是黏合剂）、玉米粉、麸、糠和豆渣等。

四 灯光诱虫

根据小龙虾的生活习性，昆虫及其幼虫也是很好的饲料。其蛋白质含量高、来源广、易得性好，采用灯光诱虫养殖小龙虾或作为小龙虾的补充饲料源，具有成本低、效果好的特点，可广泛采用。

灯光诱虫主要是指黑光灯诱虫。黑光灯是一种特制的气体放电灯，它发出3300～4000nm的紫外光波，这是人类不敏感的光，把这种人类不敏感的紫外光制作的灯叫做黑光灯。黑光灯能放射出一种人看不见的紫外线，且农业害虫有很大趋光性，所以广泛用于农业。

第三节 颗粒饲料的生产

一、饲料的配方

生产颗粒饲料的一项重要工作就是按无公害养殖要求，对所选原料的质量进行控制。质量控制的主要指标是有效营养成分和消化率。原料的选择应以最低的成本满足营养需求，鱼粉用在饲料中，其主要目的是平衡植物蛋白中的氨基酸。小麦的副产品、玉米和其他淀粉原料用于饲料中，主要是能够提高颗粒牢度、水中稳定性和提供能量。小龙虾人工配合饲料配方举例：

配方1：豆饼30%、蚕蛹粉10%、菜籽饼5%、蚯蚓浆15%、熟大豆粉20%、淀粉15%、其他5%。

配方2：蚕蛹粉10%、啤酒酵母10%、豆饼32%、菜籽饼5%、羽毛粉12%、肉骨粉4%、黏合剂15%、蚯蚓浆10.6%、赖氨酸1.4%。

配方3：豆粕32%、鱼粉30%、淀粉24%、酵母粉4%、谷朊粉4%、矿物质1%、添加剂1%、其他4%。

配方4：鱼粉31.5%、豆粕26.5%、麸皮6.6%、面粉5%、

豆油3.9%、鱼油3.9%、糊精5%、纤维素9.6%、复合维生素2%、复合矿物质4%、黏合剂2%。

配方5：鱼粉35%、豆粕29.4%、麸皮3.4%、面粉5%、豆油0.7%、鱼油0.7%、糊精8%、纤维素9.8%、复合维生素2%、复合矿物质4%、黏合剂2%。

饲养人员也可根据当地易得原料按饲料中蛋白质含量约28%~30%、脂肪含量约3%~5%来进行配比。

二 膨化饲料的加工

各种原料被粉碎得越细越好，一般通过每英寸（1in = 0.0254m）80目筛的超微粉碎来满足细度的要求。原料的颗粒越细，消化率、制粒牢度和水中稳定性就越高。对饲料添加剂应先进行预混，做成4%~5%的混合物，然后再把它混入到饲料中，以保持一定的均匀度。对于矿物质预粉料可在原料粉碎前加入，而维生素预粉料则应在原料粉碎后进行搅拌混合时加入，这样做的目的是减少维生素在加工受热过程中的损失。在膨化的粉料中应多加入一些热敏性的维生素。先将约100℃的蒸汽或水加入粉料使之达到25%的水分，再使热粉料穿过膨化机圆桶，在增温约140℃和6kg/m^2 的压力下，被送于压模装置，然后压力迅速下降，超热水分蒸发导致颗粒扩张（制粒），膨化后油脂被立刻喷在颗粒的表面，以保证制粒表面的光滑。这时，颗粒饲料再一次被送往加热的通道蒸发，将其水分降至10%以下，最后被冷却至常温而成干化颗粒饲料。粒径要适合小龙虾的口径，一般为1~2mm，便于小龙虾摄食，否则，就会因饲料适口性差而造成浪费。

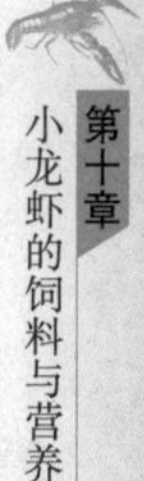

三 配合饲料的质量鉴别

由于小龙虾配合饲料的品牌目前尚不多见，质量良莠不齐，而质量的好坏又直接影响到小龙虾的生长、病害防治及水质控制和饲养成本，所以如何选择小龙虾配合料就显得十分重要。下面介绍几种挑选饲料的方法。

1. 从饲料的理化性状辨别

颗粒外观检验：颗粒应均匀、表面光滑、浮水性好、色泽均匀。如颗粒不均匀，会影响小龙虾摄食，浪费饲料，污染水质，降低成活率。如饲料颗粒切面不均匀或留有边角，会影响小龙虾摄食，严重者会损伤其肠道，引发疾病。

膨化程度：饲料膨化度，可以从颗粒饲料外表孔隙来辨别质量。如果表面孔隙较多，表明饲料膨化过熟，饲料中营养流失较多，使得饲料中营养不均衡，影响小龙虾生长并易暴发疾病。

颗粒气味：质量高的饲料主要使用进口优质鱼粉，鱼粉味道清香。不新鲜或质量差的饲料中的鱼粉有臭鱼腥味。

蛋白成分：饲料的粗蛋白质分动物蛋白和植物蛋白，动物蛋白易被小龙虾消化、吸收，利用率高，而植物蛋白则利用率低。有些饲料虽然标识的粗蛋白含量高，但其中的动物蛋白含量有可能偏低，这也影响饲料的质量。

2. 从饲养的效果辨别

饲料优劣看饲料成本，饲料成本 = 饲料系数 × 价格。价格高低对饲养成本有影响，但关键在饲料系数。

饲料系数是指在同等条件下，即同一生长期、同等密度、同等规格、同等喂养的情况下，使用不同的饲料，经过一个月的饲养，测定小龙虾体重增长数量，计算出不同的饲料系数，再根据其饲料系数和价格来认定饲料质量的优劣。

3. 从饲料的适口性辨别

饲料适口性好，可减少浪费，增加小龙虾的食欲，缩短养殖周期。

总体上看，优质配合饲料都具有如下特点：采用优质鱼粉作主要原料，配方先进、氨基酸保持平衡、适口性好、小龙虾生长速度快、饲料系数低，经济效益好。

四 配合饲料的安全要求

配合饲料所用的原料应符合原料标准的规定，不得使用受潮、发霉、生虫、腐烂变质以及受到石油、农药、有害金属等污染的原料。其安全卫生指标应遵照《无公害食品　渔用配合饲料安全限量》（NY 5072—2002）的规定执行，见表10-1。

表10-1　渔用配合饲料的安全指标限量

项　　目	限量	适用范围
铅（以Pb计）含量/（mg/kg）	≤5	各类渔用配合饲料
汞（以Hg计）含量/（mg/kg）	≤0.5	各类渔用配合饲料
无机砷（以As计）含量/（mg/kg）	≤3.0	各类渔用配合饲料
镉（以Cd计）含量/（mg/kg）	≤3	海水鱼类、虾类配合饲料
	≤0.5	其他渔用配合饲料
铬（以Cr计）含量/（mg/kg）	≤10	各类渔用配合饲料
氟（以F计）含量/（mg/kg）	≤350	各类渔用配合饲料
游离棉酚含量/（mg/kg）	≤300	温水杂食性鱼类、虾类配合饲料
	≤150	冷水性鱼类、海水鱼类配合饲料
氰化物含量/（mg/kg）	≤50	各类渔用配合饲料
多氯联苯含量/（mg/kg）	≤0.3	各类渔用配合饲料
异硫氰酸酯含量/（mg/kg）	≤500	各类渔用配合饲料
噁唑烷硫铜含量/（mg/kg）	≤500	各类渔用配合饲料
油脂酸价（KOH）含量/（mg/g）	≤2	渔用育苗配合饲料
	≤6	渔用育苗配合饲料
	≤3	鳗鲡育成配合饲料
黄曲霉毒素B_1含量/（mg/kg）	≤0.01	各类渔用配合饲料
沙门氏菌含量/（cfu/25g）	不得检出	各类渔用配合饲料
霉菌含量/（cfu/g）	$\leq 3\times10^4$	各类渔用配合饲料

注：cfu是经培养所得的菌簇形成单位的英文缩写，可理解为每毫升菌液中细菌数量。

第十一章
小龙虾的捕捞、运输与品质改良

第一节　小龙虾的捕捞

小龙虾生长速度较快，投放规格为 2 ~ 3cm 的小龙虾，在饲料充足的情况下，经过 2 ~ 3 个月的饲养，当成虾个体达 30g 以上时，即可捕捞上市。在前面所述的内容里，也分别介绍了捕捞方法，这里主要介绍各种渔具的捕捞原理和规模化生产的技能和方法。小龙虾在池塘中可用拉网捕捞，还可利用其喜在夜间昏暗时活动的习性，采用笼捕、敷网捕、张网捕、袋捕、药物驱捕等方法捕捞。在稻田中以笼捕为主。

一　地笼捕捞

捕小龙虾最为有效的方法就是在池塘或稻田中设置地笼。地笼是一种专门用来捕捞虾、蟹的工具（图 11-1）。选用直径 4 ~ 6mm 的钢筋，加工制成边长 400mm 的正方形框架，每 500mm 为 1 节，用网绳连接起来，外面再用网目

图 11-1　地笼捕捞小龙虾

2cm左右的聚乙烯网布包缠，两端制成长袋形的网兜，上端用乙烯网布做成宽10cm的沿边，起导鱼作用，下端装有石沉子。地笼每节上设两个有须门的进口，每相连两节之间也设有一个须门进口，使鱼、虾等只能进不能出。地笼的长度为20~40节，总长10~20m不等。

利用淡水小龙虾贪食的习性，在捕捞前适当停食1~2天，捕捞时在地笼或虾笼中适当加入腥味重的鱼、鸡肠等，引诱小龙虾进入地笼。当地笼下好后，可适当进行微流水刺激，保持一定的水流，增加小龙虾活动量，促使其扩大活动范围，可增加捕捞量。一般每亩水面放置1~2个地笼，地笼每4~5天换一个地方或方向，这种方法适宜捕大留小。地笼是定置渔具，可以常年捕捞。将地笼置于稻田、池塘、湖泊等养殖水面中，每天早晨倒出网兜中的虾，取大放小。如地笼网兜中虾过多，可每10~12h取1次，以防网兜中虾因密度过大窒息而死。每隔10~15天将地笼取出水面，在阳光下晾晒1~2天，防止青苔封闭网目。

二 须笼捕捞

须笼是一种专门用来捕捞小龙虾的工具，它与黄鳝笼很相似，是用竹篾编成的，长约30cm，直径约10cm。一端为锥形的漏斗状，占全长的1/3，漏斗的口径为2~3cm。

现在使用的须笼已经做了很大的革新。材料改为聚乙烯网片和铁丝，规模比鳝鱼笼大多了，须笼捕捞如图11-2所示。在小龙虾入冬休眠以外的季节进行笼捕均可，但以水温为18~30℃时，捕捞效果较好。捕捞时，先在须笼中放入有引诱香味的鱼粉团，炒米糠、麦麸等做

图11-2 须笼捕捞

成的饲料团，或者是煮熟的鱼、肉等，将须笼放入池底，待1h后，取出须笼收获1次。提取须笼时，要先收拢袋口，以免小龙虾逃逸，而后解开袋子的尾部，将小龙虾倒入容器中。如果在作业前停食1天，作业时间安排在晚上，则效果会更好。采用这种捕捞方法，每亩鱼池放置10～20只须笼，连捕3个晚上，起捕率可达60%～80%。另外，也可利用小龙虾的溯水习性，进行冲水捕捞。捕捞时，须笼内无需放诱饵，将须笼敷设在进水口处，须笼口顺水流方向，小龙虾溯水时就会顺利游入笼内而被捕获。一般1h收获1次。捕捞完毕，取出小龙虾，重新布笼进行下一轮作业。

三 大拉网捕捞

在春夏之交和中秋，小龙虾摄食旺盛季节，可用捕捞四大家鱼苗、鱼种的池塘拉网，或用较柔软的锦纶线专门编织起来的拉网扦捕池塘养殖小龙虾。作业时，先清除水中的障碍物，尤其是专门设置的食场木桩等，第一网起捕率可达60%。如果在下网前10min将鱼粉或炒米糠、麦麸等香味浓厚的饲料做成团状的硬性饲料放入食场作为诱饵，等小龙虾到食场摄食时下网快速扦捕小龙虾，起捕率更高。经过1～2网的捕捞，剩下的小龙虾只有20%～30%，再采用地笼捕捞，起捕率可达80%左右。

四 干塘捕捉

池塘排干水捕捉小龙虾，一般在小龙虾吃食量较少、而未钻泥过冬时的秋天进行。或者是用上述几种方法捕捞养殖小龙虾还有剩余时，则只好干塘捕捉小龙虾。方法是先将池水排干，然后根据池塘的大小，在池底开挖几条宽40cm，深25～30cm的排水沟，在排水沟附近挖坑，使池底泥面无水，沟、坑内积水，小龙虾会聚集到沟、坑内，即可用抄网捕捞。若遇池塘面积大或小龙虾钻到泥中难以捕尽时，则可再进水淹没池底过夜，至第二天清晨，再一次放浅池水，重复捕1～2次，可基本上捕尽池中的小龙虾。稻田排干水捕捉小龙虾，一般在深秋水稻成熟时，或收割之后进行。稻田内的水，可分两次缓慢排干。第一次排水让稻田表面露出，小龙虾则会游到鱼沟或鱼溜内栖息；第二次排水在第一次排水后 1 ~ 2 天进行，主要排放鱼沟、鱼溜中的水。当小龙虾集中在鱼溜、鱼沟时，用抄网将其捕起放入容器中，最后可徒手翻动淤泥捕尽稻田中剩余的小龙虾。

第二节　小龙虾的运输

一　运输工具

运输的器具主要有塑料筐、泡沫箱和氧气袋等。

二　运输前的准备

在运输成虾前，要准备好运虾的器具。选用器具应根据运输距离长短来确定，短距离选择干法运输，长距离选择带水运输。

三　运输方式

1. 干法运输（图 11-3）

适于运输个体较大的幼虾和成虾，运输时可减少虾与虾之间的挤压、争斗，而且所占体积小，便于搬运，成活率可达 95% 以上。装运时，要在容器的底部铺垫一层较为湿润的水草，以防摩擦损伤虾体，保持虾体的湿润。每个容器所装虾的数量不宜太多，以防虾被压死、闷死。一般幼虾以堆积 3 ~ 4 层为宜，成虾以堆积 25 ~ 30cm 高为宜。如果篓或筐较深，可加板分层，板上要打眼，使之能漏水。运输车辆要用箱式货车，或用帆布遮盖，

图 11-3　小龙虾干法运输

不能使虾吹风失水。运输途中，每隔3～4h，用清洁水喷淋1次，以确保虾体湿润。夏季高温运输时，还要注意降温，一般在容器盖板上面放些冰块效果较好，每个0.5m^3塑料箱放置500～1000g冰块即可。

作为虾种用于投放到水体内养殖的幼虾，运输时间不能太长，最多4～5h就要放入水中，运输过程中还要减少阳光的直射。成虾的运输时间最好不超过24h，运输过程中车辆不能停顿。在运输的过程中，还要防止风吹、日晒、雨淋。

运输中，如发现小龙虾在水中不停乱窜，有时浮在水面，不断呼出小气泡，表明容器中的水质已变坏，应立即更换新水，每半小时换水1次，连续换水2～3次。换水时，最好选择与原虾池中水质相近的水，尽量不要选用泉水、污染的水、井水或温差较大的水。

如果运程超过1天，每隔4～5h将小龙虾翻动1次，将长时间沉入容器底部的小龙虾翻回上层，防止其缺氧致死。为了确保运输成功，最好在运输24h后，按每升水2 000单位的比例在容器中加放青霉素，以防小龙虾损伤感染。

带水运输还可采用机船船舱装运，这种方法运量较大，可将虾与水按1:1比例混合后运输，运输时也要勤换新水和翻动虾体。

2. 尼龙袋充氧法运输

本方法主要适用人工繁育的虾苗运输。所用尼龙袋为装运鱼苗的尼龙袋。

人工繁殖的幼虾培育到2cm后，可直接装入尼龙袋充氧运输，每袋可装1万尾。要在袋中放入水花生的枝叶让虾攀爬，以免虾堆积袋底导致死亡（图11-4）。

图11-4　尼龙袋充氧运输

第三节　小龙虾的品质改良

水产动物的品质，一般是指营养成分、个体大小、食品味道和个体观感等。这里所讲的小龙虾品质主要是指它的体色、个体大小。

一　个体变小的原因

1. 品种退化

小龙虾品种退化、个体偏小是目前养虾生产中共同存在的突出问题。在养殖过程中，养殖户不注重品种的选育、选优，均采取自繁自养的方式，捕大留小，将个体比较小的龙虾，体弱体差、有病态的虾留塘作亲虾，来繁殖仔虾，导致近亲繁殖较为严重，造成品种退化，使得小龙虾个体变小，这是主要原因之一。

2. 环境恶化

由于水源污染，造成水体缺氧。此时，小龙虾会产生一种应激反应，导致小龙虾体色变红，较长时间不蜕壳，造成“少年老成”。其次是虾池中缺少适宜的水草隐蔽物，使虾不能顺利蜕壳。

3. 病害阻碍小龙虾蜕壳

小龙虾一生要经过多次蜕壳才能正常生长。在养殖生产中，由于纤毛虫、黑鳃、烂鳃等病害，困扰着小龙虾不能顺利蜕壳，错过蜕壳的最佳时机，就会导致小龙虾蜕壳次数减少，个体变小，降低了小龙虾的品质和经济效益。

二　提高品质的对策

1）用于繁殖的雌雄亲体，应采取异地或不同塘口交换选择的办法，避免近亲交配繁殖仔虾。

2）饲料要科学投喂，合理搭配，减少动物性饲料的投喂量，配合饲料蛋白质含量在28%左右为宜，坚持“四看”、“四定”的投喂原则。

3）移植水草、放养螺蛳。水草种植以苦草、轮叶黑藻、伊乐藻、水花生等为主，水草覆盖面不得超过虾池水面积的50%。同时还可适当投放一些活螺蛳。

4）勤换水、添加新水，养殖生产中，坚持7～10天冲水或换水1次，水源水质清新、溶氧高、无污染。常换水或添水有利于小龙虾的蜕壳生长。同时每隔10 ～ 15天用EM菌、芽孢杆菌等生物制剂全池泼洒改水，用底净宝、沸石粉等泼洒进行改底。

5）在受污染水域中养殖的小龙虾，其体色乌黑、四肢和腹部长有异样的泥垢，做成食品后带有特殊的土腥味。对于这样的小龙虾，可以将其移入水质较好的湖泊网箱、或水泥池暂养20～30天，俗称“洗澡”，投喂人工饲料，可以在较短时间改变小龙虾的颜色，使其变为正常的深红色，做成食品后也不会有土腥味。网箱暂养小龙虾如图11-5所示。

图11-5　网箱暂养小龙虾

6）积极做好病害防治，坚持“以防为主，防治结合”的原则，采取健康养殖的方式，减少病害的发生，促进小龙虾的蜕壳生长。

第十二章 小龙虾的病害防治

虾病的发生是病原体、环境因素和人为因素三者相互作用的结果。小龙虾的病害研究比人工养殖的历史更短，目前对许多问题尚未完全了解。因此，对待虾病应立足于“无病先防、有病早治、以防为主、防治结合”的十六字方针。只有从提高虾体质、改善和优化环境、切断病原体传播途径等方面着手，推广健康养殖模式和开展综合防治，才能达到虾病防重于治的目的。

第一节　疾病诊断

常见虾病的发病部位在体表、附肢和头胸甲内，目检能直接看到虾的病状和寄生虫情况。但为了诊断准确，还要深入现场观察。

一 现场调查

对于患病的小龙虾水体，进行水质理化指标检测、包括溶氧、氨氮、硫化氢、pH 等。对养殖环境、虾苗来源、水源、发病历史与过程、死亡率、用药情况等进行现场调查与分析，归纳分析可能的致病原因，排除非病原生物致病因素。

二 体表检查

已患疾病的小龙虾，体质明显瘦弱，且体色变黑，活动缓

馒，有时群集一团，有时乱窜不安，这可能是寄生虫的侵袭或水中含有危害物质引起的。及时从虾池中捞出濒死病虾或刚死不久的虾，按顺序从头胸甲、腹部、尾部及螯足、步足、腹肢等仔细观察。从体表上很容易看到一些大型病原体。如果是小型病原体，则需要借助显微镜进行镜检。

三 实验室诊断

对于肉眼或显微镜无法诊断的患病虾样本，可冷冻保存送到专业实验室进行实验室内的诊断，借助现代生物学研究设备与诊断技术进行小龙虾疾病诊断。

第二节 发病原因与防治措施

一 发病原因

1. 病原

（1）病毒 研究表明，淡水螯虾体内中存在着多种病毒，部分病毒可以导致螯虾较大的死亡率。已见报道的从淡水螯虾体内发现的病毒有：

1）脱氧核糖核酸（DNA）和推定的脱氧核糖核酸（DNA）病毒：

① 核内杆状病毒（类杆状病毒）：澳洲红螯螯虾杆状病毒、佛罗里达螯虾（蓝魔虾）杆状病毒、贵族螯虾杆状病毒、海盗螯虾杆状病毒、白斑综合征病毒。

② 类病毒：蓝魔虾系统类病毒、寄生澳洲红螯螯虾鳃上的推定类病毒、卵分离死亡病毒。

2）核糖核酸（RNA）和推定的核糖核酸（RNA）病毒：双RNA 病毒、传染性胰腺坏死病毒、呼肠孤样病毒、螯虾盖蒂病毒样病毒、贵族螯虾鳃上分离的一种病毒、蓝魔虾中分离的一种病毒。

部分种类的病毒在淡水螯虾体内广泛存在，例如，通常

100%的淡水螯虾都可能携带有贵族螯虾杆状病毒。有些病毒可能对淡水螯虾是具有致病性的，如寄生于淡水螯虾肠道的核内杆状病毒就可能具有高致病性。在恶劣的养殖环境下，即使毒力比较低的病原生物也可能引起淡水螯虾发病，或者对其正常的生长带来障碍，如澳洲红螯螯虾杆状病毒就能导致小龙虾生长迟缓。

对传播方式研究得比较深入的是澳洲红螯螯虾杆状病毒和螯虾盖蒂病毒样病毒。这两种病毒都是经口传播的，可以通过饲喂被病毒感染的组织或者吞食有病毒附着的粒状物质而完成感染过程。

目前已有野生和养殖环境条件下暴发大规模病毒病的报道。近几年来，我国湖北、浙江等地相继出现淡水小龙虾大量死亡，经诊断基本证实引起这些小龙虾死亡的病原体为对虾白斑综合征病毒。有人试验将病毒感染的对虾组织饲喂给淡水螯虾，发现可以经口将对虾白斑综合征病毒病传染给淡水螯虾，并导致淡水螯虾患病毒病死亡，死亡率可高达90%以上。

（2）细菌 细菌性疾病通常被认为是淡水螯虾次要的或者是与养殖环境恶化有关的一类疾病，因为大多数细菌只有在池水养殖环境恶化的条件下，才能增强其致病性，从而导致淡水螯虾各种细菌性疾病的发生。

细菌性疾病主要有菌血症、细菌性肠道病、细菌性甲壳溃疡病、烂鳃病等。

（3）立克次体 已经报道的在淡水螯虾体内发现的类立克次体有两种类型，一种是在淡水螯虾体内全身分布的，最近被命名为螯虾立克次体，这已经被证明与澳洲红螯螯虾的大量死亡相关；另一种寄生在淡水螯虾肝胰腺上皮，目前只在一尾澳洲红螯螯虾标本中观察到，是否会导致淡水螯虾患病或者大量死亡，尚不明确。

（4）真菌 真菌是经常报道的淡水螯虾最重要的病原生物之一，“螯虾瘟疫”就是由这类病原生物所引起的，某些种类的真菌还能够引起淡水螯虾发生另外一些疾病。

同细菌造成淡水螯虾发病相似，真菌引起淡水螯虾发病也与养殖环境水质恶化有关。可以通过改善养殖水体水质的措施，达到有效控真菌致病蔓延的目的。

真菌所引起的疾病主要有螯虾瘟疫和甲壳溃疡病（褐斑病）。

（5）寄生虫 分为原生动物和后生动物。

从淡水螯虾体内发现的原生动物病原主要包括微孢子虫病原、胶孢子虫病原、四膜虫病原和离口虫病原，他们通过寄生或外部感染的方式使淡水螯虾得病。寄生在淡水螯虾体内的这些原生动物能否使淡水螯虾得病取决于螯虾所处的环境，可以通过改善环境的措施（如换水或者减少养殖水体中有机物负荷）来有效控制原生动物病。

寄生在淡水螯虾体内的后生动物包括复殖类（吸虫）、绦虫类（绦虫）、线虫类（蛔虫）和棘头虫类（新棘虫）等蠕虫。大多数寄生的后生动物对螯虾健康的影响并不大，但大量寄生时可能导致淡水螯虾器官功能紊乱。

2. 养殖环境恶化

（1）水质恶化 养殖水体中各种藻类，因光照不足，泥土、污物等流入，引起藻类生长不旺盛，水体自净能力下降，部分藻类因长时间光照不足及泥土的絮凝作用而下沉死亡，在微生物作用下进行厌氧分解，产生氮、亚硝酸盐、硫化氢等有害物质，水体中这些有害物质超过一定浓度，会使养殖的小龙虾发生慢性或急性中毒，正在蜕壳或刚完成蜕壳的小龙虾容易引起死亡。

如未能恰当地进行水质调节，导致水质恶化；平时没有进行正常的疾病预防，病后乱用药物；发病后未能做到准确诊断和必要的隔离；死虾未及时处理，未感染的虾由于摄食病虾尸体而被传染，这些都能导致疾病的发生或发展。

（2）重金属 淡水螯虾对环境中的重金属具有天然的富集功能。这些重金属通常从肝胰脏和鳃部进入体内，并且相当多的重金属尤其是铁存在于淡水螯虾的肝胰脏中，在上皮组织内含物中也存在大量的铁，可能严重影响肝胰脏的正常功能。养殖水体中高浓度的铁是淡水螯虾体内铁的主要来源，肝胰脏内铁的大量富集可能对淡水螯虾的健康造成影响。

尽管淡水螯虾对重金属具有一定的耐受性，但是一旦养殖水体中的重金属含量超过了淡水螯虾的耐受限度，也会导致淡水螯虾中毒身亡。工业污水中的汞、铜、锌、铅等重金属元素含量超标是引起淡水螯虾重金属中毒的主要原因。

(3) 化肥、农药

1）化肥。稻田养虾因一次性使用化肥（碳酸氢铵、氯化钾等）过量时能引起小龙虾中毒。中毒症状为虾起初不安，随后狂烈倒游或在水面上蹦跳，活动无力时随即静卧池底而死。

2）农药。养虾稻田用药或用药稻田的水源进入虾池，药物浓度达到一定量时，会导致虾急性中毒。症状为虾竭力上爬，吐泡沫或上岸静卧，或静卧在水生植物上，或在水中翻动立即死亡。

3. 其他因素

大多数发病水体存在着未及时进行捕捞，留存虾密度很高、水草少、淤泥多等情况。此外，养殖水体中的低溶氧或溶氧量过饱和可导致淡水螯虾缺氧（严重时窒息死亡）。概括起来有以下几点：

1）清塘消毒。放养前，虾池清整不彻底，腐殖质过多，使水质恶化；放养时，虾种体表没有进行严格消毒；放养后没有及时对虾体和水体进行消毒，这些都给病原体的繁殖感染创造了条件。引种时未进行消毒，可能把病原体带入虾池，在环境条件适宜时，病原体迅速繁殖，部分体弱的虾就容易患病。刚建的新虾池，未用清水浸泡一段时间就放水养虾，可能使小龙虾对水体不适而患病。

2）饲料投喂。小龙虾喜食新鲜饲料，如饲料不清洁或腐烂变质，或者盲目过量投喂，加之不定时排污，则会造成虾池残饵及粪便排泄物过多，引起水质恶化，给病原细菌创造繁衍条件，导致螯虾发病。此外，饲料中某种营养物质缺乏也可造成营养性

障碍，甚至引起螯虾身体颜色变异，如淡水螯虾由于日粮中缺乏类胡萝卜素就可能出现机体苍白。

3）放养规格。若苗种虾规格不整齐，加之池塘本身放养密度过大、投饲不足，则会造成大小虾相互斗殴而致伤，为病原菌进入虾体打开“缺口”。

二 防治措施

1. 生态预防

（1）选择适宜的养殖地点建造养殖环境 养殖地点要求地势平缓，以黏性土质为佳。建造的池塘坡比为1∶1.5，水深1.0～1.8m。水源要求无污染，pH为6.5～8.5，水体总碱度不要低于50mg/L。为保证有足够的地方供亲虾掘洞，同时也要进排水方便，面积比较大的水域可在池中间构筑多道池埂，所筑之埂，有一端不与池埂连接，使之相通。这样，在养殖密度较高时，通过一个注水口即可使整个池水处于微循环状态，便于管理。

（2）种植或移植水草 池塘种植水草的种类主要是轮叶黑藻、伊乐藻、苦草等水草，可以两种水草兼种，即轮叶黑藻和苦草或者伊乐藻和苦草，覆盖面积为2/3。如果因小龙虾吃光水草或其他原因水草被破坏，应及时移植水花生、凤眼莲等。

（3）水质调节 注意水体水质的变化，勿使水质过肥，经常加注新水，保持水质肥、活、嫩、爽。

2. 免疫预防

目前，关于水产甲壳动物的机体防御机制尚未完全明了，能准确把握甲壳动物健康状态的科学方法也尚待确立，这给确立水产甲壳动物的免疫防疫对策造成了一定的障碍。

近年来，面对世界各地水产养殖甲壳动物各种疾病的频发，人们逐渐意识到了解水产甲壳动物的各种疾病以及阐明对这些疾病的机体防御机能的重要性。

现有的资料表明，甲壳动物的机体防御系统与脊椎动物一样，主要包括细胞和体液因子。由于一部分体液因子是在细胞内产生并储藏在细胞内发挥作用的，所以将这两种免疫防御因子严格区分是很困难的。免疫细胞主要是介导血细胞和固着性细胞的吞噬活性，以及由血细胞产生的包围化及结节形成现象；体液因子主要介导酚氧化酶前体活化系统、植物凝血素和杀菌素等。

甲壳动物机体防御机能的活化，并不像脊椎动物那样必须要用致病菌作为免疫原，这就意味着活化甲壳动物防御机能的物质可以在更广阔的范围内寻找。陈昌福等用安琪酵母股份有限公司生产的免疫多糖（酵母细胞壁）注射到小龙虾体内后，检测供试虾血清、肌肉和肝胰腺提取液中的酸性磷酸酶（ACP）、碱性磷酸酶（ALP）和过氧化物酶（POD）的活性，结果发现，经注射免疫多糖（酵母细胞壁）刺激后，小龙虾肝胰腺中的 ACP 和 ALP 活性明显增加，而且，在注射后 72h 时，ACP 活性由对照组的 3.13U/100mL 提高到 9.34U/100mL，ALP 活性由 3.83U/100mL 提高到了 12.8U/100mL，而在血清和肌肉中 ACP 和 ALP 的活性均没有明显变化。

由上述研究结果可以看出，免疫刺激剂可以增强虾类的抗感染能力，而且采用口服的方式也可以诱导供试虾产生防御能力。这对野外养虾池中大规模饲养虾的疾病预防具有实际意义。

3. 药物预防

药物预防是对生态预防和免疫预防的应急性补充预防措施，原则上对水产动物疾病的预防是不能依赖药物预防的。这是因为除了部分消毒剂外，采用任何药物预防水产动物的疾病，都有可能污染养殖水体或者导致水产动物致病生物产生耐药性。因此，采用药物预防水产动物疾病只是在不得已的情况下采取的措施。

采用消毒剂对养殖水体和工具，养殖动物的苗种、饲料以及食场等进行消毒处理。目的就在于消灭各种有害微生物，为水产养殖动物营造卫生又安全的生活环境。

常用药物预防有如下三种方式：

（1）外用药 泼洒聚维酮碘、季氨盐络合碘或单元二氧化氯，每 10 天泼洒 1 次，可交替使用，使用剂量参考商品药物说明书。

（2）免疫促进剂预防 对于没有发病的小龙虾，饲料中添加免疫促进剂进行预防，如β-葡聚糖、壳聚糖、多种维生素等（使用剂量参考商品药物的说明书，投喂时间：每15天可以连续投喂4～6天），可提高小龙虾的抗病力。

（3）内服药物 每15天可以用中草药（如板蓝根、大黄、鱼腥草混合剂，等比例分配药量）进行预防。中药需要煮水拌饲料投喂，使用剂量为每千克虾/蟹0.6～0.8g，连续投喂4～5天。如果事先将中草药粉碎混匀，在临用前用开水浸泡20～30min，然后连同药物粉末一起拌饲料投喂则效果更佳。

第三节 主要疾病诊断与防治技术

一 病毒性疾病

【病因】由病毒引起。

【症状】患病初期病虾螯足无力、行动迟缓、伏于水草表面或池塘四周浅水处；解剖后可见少量虾有黑鳃现象，普遍表现肠道内无食物、肝胰脏肿大，偶尔见有出血症状（少数头胸甲外下缘有白色斑块），病虾头胸甲内有淡黄色积水。

【发病特点与分析】

（1）发病时间 发病时间为每年的4～5月。

（2）流行地区 主要流行于长江流域，多发于养殖密度较大的水体。该病害的发生与养殖水体环境和养殖水温的提高、与日照的增长有密切关系。

【预防措施】

（1）放养健康、优质的种苗 种苗是小龙虾养殖的物质基础，是发展健康养殖的关键环节，选择健康、优质的种苗可以从源头上切断病毒的传播链。

（2）控制合理的放养密度 放养密度过大，虾体互相刺伤，病原更易入侵虾体；此外大量的排泄物、残饵和虾壳、浮游生物的尸体等不能及时分解和转化，会产生非离子氨、硫化氢等有毒物质，使溶解氧不足，虾体体质下降，抵抗病害能力减弱。

（3）改善栖息环境，加强水质管理 移植水生植物，定期清除池底过厚淤泥，勤换水，使水体中的物质始终处于良性循环状态。此外，还可以定期泼洒生石灰水或使用微生物制剂如光合细菌、EM 菌等，调节池塘水生态环境。在病害易发期间，用0.2%维生素 C +1% 大蒜 +2% 强力病毒康，加水溶解后用喷雾器喷在饲料上投喂；如发现有虾发病，应及时将病虾隔离，防止病害进一步扩散。

【治疗方法】

1）用聚维酮碘全池泼洒，使水体中的药物含量达到0.3～0.5mg/L。

2）用季铵盐络合碘全池泼洒，使水体中的药物含量达到0.3～0.5mg/L。

3）采用单元二氧化氯 100g 溶解在 15kg 水中后，均匀泼洒在水体中。

4）聚维酮碘和单元二氧化氯可以交替使用，每种药物可连续使用 2 次，每次用药间隔 2 天。

二 黑鳃病

【病因】水质污染严重，虾鳃受真菌感染所致。此外，饲料中缺乏维生素 C 也会引起黑鳃病。

【症状】鳃逐步变为褐色或淡褐色，直至全变黑，鳃萎缩；患病的幼虾趋光性变弱，活动无力，多数在池底缓慢爬行，腹部卷曲，体色变白，不摄食。患病的成虾常浮出水面或依附水草露出水外，行动缓慢呆滞，不进洞穴，最后因呼吸困难而死亡。

【预防方法】

1）消毒运虾苗的容器。放苗前，用生石灰等药物清塘。

2）放养密度不宜过大，饲料投喂要适当，防止过剩的饲料腐烂变质而污染水体。

3）更换池水，及时清除残饵和池内腐烂物。

4）每次每亩用生石灰5～6kg，定期消毒水体。

5）经常投喂青绿饲料。

6）在成虾养殖中、后期，有条件时尽可能在池内放些蟾蜍，蟾蜍受惊体表分泌毒素，对此病有一定的治疗作用。

【治疗方法】

1）用3%～5%的食盐水浸浴病虾2～3次，每次3～5min。

2）用亚甲基蓝10g/m^{3}溶水全池泼洒。

3）用1mg/L漂白粉全池泼洒，每天1次，连用2～3次。

4）每千克饲料拌1g土霉素投喂，每天1次，连喂3天。

5）0.1mg/L强氯精全池泼洒1次。

6）0.3mg/L二氧化氯全池泼洒。

三 烂鳃病

【病因】由丝状细菌引起。

【症状】细菌附生在病虾鳃上并大量繁殖，阻塞鳃部的血液流通，妨碍呼吸。严重时鳃丝发黑、霉烂，引起病虾死亡（图12-1）。

图12-1　烂鳃病

【防治方法】

1）经常清除虾池中的残饵、污物，避免水质污染，保持良好的水体环境。

2）漂白粉全池泼洒，含量达到每立方米水体2～3g，治疗效果较好。

3）虾病用高锰酸钾药浴4h，含量为每升水3～5mg。池中病虾较多时用高锰酸钾全池泼洒，含量达到每立方米水体0.5～

0.7g，6h 后换水 2/3。

4）用茶籽饼全池泼洒，含量达到每立方米水体 12～15g，促使小龙虾脱壳后换水 2/3。

四 烂尾病

【病因】小龙虾受伤、相互残杀或被几丁质分解细菌感染所致。

【症状】感染初期小龙虾尾部有水疮，边缘溃烂、坏死或残缺不全，随着病情的恶化，溃烂逐步由边缘向中间发展，感染严重时，整个尾部溃烂脱落。

【预防方法】

1）运输和投放苗种时，不要堆压和损伤虾体。

2）养殖期间饲料要均匀投喂、投足。

【治疗方法】

1）用 15～20mg/L 茶饼浸液全池泼洒。

2）每亩用生石灰 6～8kg 化水后全池泼洒。

3）用强氯精等消毒剂化水全池泼洒，病情严重的，连续泼洒 4 次，每次间隔 1 天。

五 烂壳病

【病因】由几丁质分解，假单胞菌、气单胞菌、黏细菌、弧菌或黄杆菌感染所致。

【症状】感染初期小龙虾虾壳上有明显溃烂斑点，斑点呈灰白色，严重溃烂时呈黑色，斑点下陷，出现较大或较多的空洞，导致内部感染，甚至死亡。

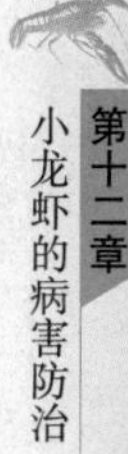

【预防方法】

1）小龙虾苗种运输和投放时操作要仔细、轻巧，避免受伤虾入池。

2）苗种下塘前用 3% 食盐水消毒 5min，或用 15/1000000 聚维铜碘消毒 15～20min，或用 2mg/L 青霉素浸泡 15min。

3）有条件时经常换水，保持池水清洁。

4）饲料投足，避免残杀现象发生。

5）每15～20天用25mg/L生石灰化水全池泼洒。

【治疗方法】

1）先用25mg/L生石灰化水全池泼洒1次，3天后再用20mg/L生石灰化水全池泼洒1次。

2）用15～20mg/L茶饼浸泡后全池泼洒。

3）每千克饲料用3g磺胺间甲氧嘧啶拌饵，每天2次，连用7天后停药3天，再投喂3天。

4）每立方米水体用2～3g漂白粉全池泼洒。

5）用2mg/L福尔马林溶液浸浴病虾20～30min。

六 虾瘟病

【病因】病原由Aphanomyces属的astaci真菌引起。

【病症】小龙虾的体表有黄色或褐色的斑点，且在附肢和眼柄的基部可发现真菌的丝状体，病原侵入虾体内部后，攻击其中枢神经系统，并迅速损害运动神经。病虾表现为呆滞，活动性减弱或活动不正常，容易造成病虾大量死亡。

【预防方法】

1）保持水质清新，维持正常水色和透明度。

2）放养密度适当。

3）冬季干池清淤消毒。

4）平时注重全面消毒。

【治疗方法】

1）用0.1mg/L强氯精全池泼洒。

2）用1mg/L漂白粉全池泼洒，每天1次，连用2～3天。

3）用10mg/L亚甲基蓝全池泼洒。

4）每千克饲料拌1g土霉素投喂，连喂3天。

七 褐斑病

【病因】又称为黑斑病。由于虾池池底水质变坏，弧菌和单胞菌大量滋长，虾体被感染所引起。

【症状】小龙虾体表、附肢、触角、尾扇等处，出现黑、褐色点状或斑块状溃疡，严重时病灶增大、腐烂，菌体可穿透甲壳进入软组织，使病灶部分粘连，阻碍脱壳生长，虾体力减弱，或卧于池边，不久便陆续死亡。

【预防方法】

保持虾池水质良好，必要时施用水质改良剂或生石灰等改善水质。

【治疗方法】

1）连续2天泼洒超碘季铵盐（强可101）$0.2g/m^3$。同时每千克饲料中添加氟苯尼考（10%）0.5g连续内服5天。

2）虾发病后，用$1g/m^3$的聚维酮碘全池泼洒治疗。隔2天再重复用药1次。

八 纤毛虫病

【病因】主要是由钟形虫、斜管虫和累枝虫等寄生所引起的(图12-2)。

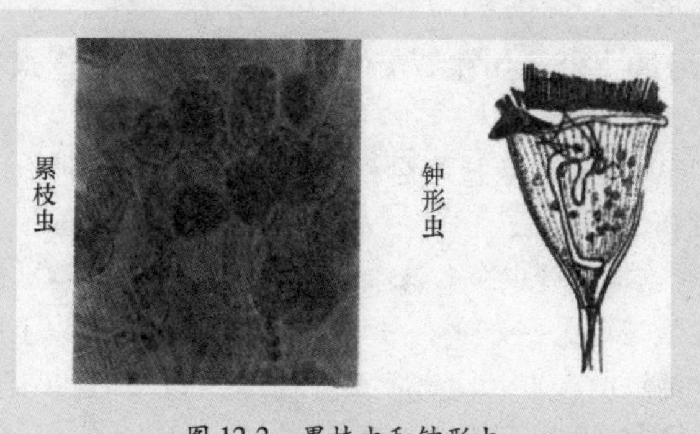

图12-2 累枝虫和钟形虫

【症状】纤毛虫附着在虾和受精卵体表、附肢、鳃等器官上。病虾体表有许多棕色或黄绿色绒毛，对外界刺激无敏感反应，活动无力，虾体消瘦，头胸甲发黑，虾体表多黏液，全身都沾满了泥脏物，并拖着条状物，俗称“拖泥病”。如水温和其他条件适

宜时，病原体会迅速繁殖，2~3天即大量出现，布满虾全身，严重影响小龙虾的呼吸，往往会引起大批死亡（图12-3）。

【预防方法】

1）清除池内污物，保持池水清新。

2）冬季彻底清塘，杀灭池中的病原。发生此病可经常大量换水，减少池水中病原体数量。

图12-3　小龙虾纤毛虫病

【治疗方法】

1）用0.3mg/L的PVI（含PVI50%）溶液全池泼洒。

2）用硫酸铜、硫酸亚铁（5:2）0.7mg/L全池泼洒。

3）用螯合铜除藻剂（Cutrine－plus）0.5mg/L，2~4h药浴，有一定效果。

4）用20~30mg/L生石灰化水全池泼洒，连用3次，使池水透明度提高到40cm以上。

5）用四烷基季铵盐络合碘（季铵盐含量为50%）全池泼洒，浓度0.3mg/L。

6）全池泼洒纤虫净1.2g/m^3，过5天后再用1次，然后全池泼洒工业硫酸锌3~4g/m^3，过5天后再泼洒1次；以上两种药用过后再全池泼洒0.2~0.3g/m^3二溴海因1次；纤毛虫很多时，用1.2g/m^3的络合铜泼洒1次。

九 软壳病

【病因】小龙虾体内缺钙。另外，光照不足、pH值长期偏低，池底淤泥过厚、虾苗密度过大、长期投喂单一饲料；蜕壳后钙、磷转化困难，致使虾体不能利用钙、磷所致。

【症状】虾壳变软且薄，体色不红或灰暗，活动力差，觅食不旺盛，生长速度变缓，身体各部位协调能力差。

【预防方法】

1）冬季清淤、曝晒。

2）用生石灰彻底清塘。放苗后每20天用25mg/L生石灰化水泼洒。

3）控制放养密度。

4）池内水草面积不超过池塘面积75%。

5）投饲多样化，适当增加含钙饲料。

【防治方法】

1）每月用20mg/L生石灰化水全池泼洒。

2）用鱼骨粉拌新鲜豆渣或其他饲料投喂，每天1次，连用7～10天

3）每隔半个月全池泼洒消水素（枯草杆菌）0.25g/m^3。

4）饲料内添加3%～5%的蜕壳素，连续投喂5～7天。

十 蜕壳不遂

【病因】生长的水体中缺乏钙等某些元素。

【症状】小龙虾在其头胸部与腹部交界处出现裂缝，全身发黑。

【预防方法】

1）每15～20天用25mg/L生石灰化水全池泼洒。

2）每月用过磷酸钙1～2mg/L化水全池泼洒。

【治疗方法】

1）饲料中拌入1%～2%蜕壳素。

2）饲料中拌入骨粉、蛋壳粉等增加饲料中钙质。

十一 中毒

【病因】引起小龙虾中毒的化学物质较多，一是池中有机物腐烂分解，微生物分解产生大量氨氮、硫化氢、亚硝酸盐等物质；二是工业污水排放，工业污水中含汞、铜、锌、铅等重金属

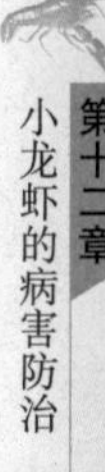

元素石油和豆油制品，以及其他有毒性的化学成品，导致健虾类中毒、生长缓慢；三是农药、化肥、其他药物用水排入池中，如有机磷农药、敌百虫、敌杀死等，能引起虾肝胰腺的病变，引起慢性死亡。

【症状】根据发病情况分为两类：一类是发病慢、出现呼吸困难，摄食减少，零星死亡，可能是池塘内有机质腐烂分解引起的中毒；一类是发病急、出现大量死亡，尸体上浮或下沉，在清晨池水溶解氧量低下时更明显。解剖时可见鳃丝组织坏死变黑，但鳃丝表面无有害生物附生，镜检没有原虫细菌。

【防治方法】

1）调查虾池周围的水源，看有无工业污水、生活污水、稻田污水等排入，看周围有无新建排污化工厂，因污水的流入而改变池水的来源状况。

2）将活虾转移到经清池消毒的新池中去，并冲水增加溶氧量，以减少损失，或排注没有污染的新水源稀释。

3）清理污染源，清理水环境，选择符合生产要求的水源，对水源送样请环保部门进行监测，看污水排放是否达标。

4）对由于有机质分解引起的中毒，可用降硝氨和解毒安进行处理，池塘（水深1m）解毒安用量为250g/亩并配合降硝氨1kg/亩，全池泼洒，可以有效缓解中毒症状。

附　录

附录 A　水产养殖用药清单和禁药清单

一　渔用药物使用基本原则

1）渔用药物的使用应以不危害人类健康和不破坏水域生态环境为基本原则。

2）水生动植物养殖过程中对病虫害的防治，坚持“以防为主，防治结合”。

3）渔药的使用应严格遵循国家和有关部门的有关规定，严禁生产、销售和使用未取得生产许可证、批准文号和没有生产执行标准的药物。

4）积极鼓励研制、生产和使用“三效”（高效、速效、长效）、“三小”（毒性小、副作用小、用量小）的渔药，提倡使用水产专用药物、生物源渔药和渔用生物制品。

5）病害发生时应对症用药，防止滥用渔药与盲目增大用药量或增加用药次数、加长用药时间。

6）食用水产品上市前，应有相应的休药期。休药期的长短，应确保上市水产品的药物残留用量符合 NY 5070 的要求。

7）水产饲料中药物的添加应符合 NY 5072 的要求，不得选用国家规定禁止使用的药物或添加剂，也不得在饲料中长期添加抗菌药物。

二 渔用药物使用方法（附表 A-1）

附表 A-1 渔用药物使用方法

渔药名称	用途	用法与用量	休药期/天	注意事项
氧化钙（生石灰）	用于改善池塘环境，清除敌害生物及预防部分细菌性鱼病	带水清塘：200～250mg/L（虾类：350～400mg/L） 全池泼洒：20mg/L（虾类：15～30mg/L）		不能与漂白粉、有机氯、重金属盐、有机结合物混用
漂白粉	用于清塘、改善池塘环境及防治细菌性皮肤病、烂鳃病、出血病	带水清塘：20mg/L 全池泼洒：1.0～1.5mg/L	≥5	1. 勿用金属容器盛装 2. 勿与酸、铵盐、生石灰混用
二氯异氰尿酸钠	用于清塘及防治细菌性皮肤溃疡病、烂鳃病、出血病	全池泼洒：0.3～0.6mg/L	≥10	勿用金属容器盛装
三氯异氰尿酸	用于清塘及防治细菌性皮肤溃疡病、烂鳃病、出血病	全池泼洒：0.2～0.5mg/L	≥10	1. 勿用金属容器盛装 2. 针对不同的鱼类和水体的 pH，使用量应适当增减
二氧化氯	用于防治细菌性皮肤病、烂鳃病、出血病	浸浴：20～40mg/L，5～10min 全池泼洒：0.1～0.2mg/L，严重时0.3～0.6mg/L	≥10	1. 勿用金属容器盛装 2. 勿与其他消毒剂混用

（续）

渔药名称	用途	用法与用量	休药期/天	注意事项
二溴海因	用于防治细菌和病毒性疾病	全池泼洒：0.2～0.3mg/L		
氯化钠（食盐）	用于防治细菌、真菌或寄生虫疾病	浸浴：1%～3%，5～20min		
硫酸铜（蓝矾、胆矾、石矾）	用于治疗纤毛虫、鞭毛虫等寄生性原虫病	浸浴：8mg/L（海水鱼类：8～10mg/L，15～30min） 全池泼洒：0.5～0.7mg/L（海水类：0.7～1.0mg/L）		1. 常与硫酸亚铁合用 2. 广东鲂慎用 3. 勿用金属容器盛装 4. 使用后注意池塘增氧 5. 不宜于治疗小瓜虫病
硫酸亚铁（硫酸低铁、绿矾、青矾）	用于治疗纤毛虫、鞭毛虫等寄生性原虫病	全池泼洒：0.2mg/L（与硫酸铜合用）		1. 治疗寄生性原虫病时需与硫酸铜合用 2. 乌鳢慎用
高锰酸钾（锰酸钾、灰锰氧、锰强灰）	用于杀灭锚头鳋	浸浴：10～20mg/L，15～30min 全池泼洒：4～7mg/L		1. 水中有机物含量高时药液降低 2. 不宜在强烈阳光下使用
四烷基季铵盐络合碘（季铵盐含量为50%）	用于杀灭病毒、细菌、纤毛虫、藻类	全池泼洒：0.3mg/L（虾类相同）		1. 勿与碱性物质同时使用 2. 勿与阴性离子表面活性剂混用 3. 使用后注意池塘增氧 4. 勿用金属容器盛装

（续）

渔药名称	用途	用法与用量	休药期/天	注意事项
大蒜	用于防治细菌性肠炎	拌饵投喂：每10kg体重30g剂量，连用4～6天（海水鱼类相同）		
大蒜素粉（含大蒜素10%）	用于防治细菌性肠炎	0.2g/kg体重，连用4～6天（海水鱼类相同）		
大黄	用于防治细菌性肠炎	全池泼洒：2.5～4.0mg/L（海水鱼类相同） 拌饵投喂：5～10g/kg体重，连用4～6天（海水鱼类相同）		投喂时常与黄芩、黄柏合用（三者比例为5:2:3）
黄芩	用于防治细菌性肠炎、烂鳃病、赤皮病、出血病	拌饵投喂：2～4g/kg体重，连用4～6天（海水鱼类相同）		投喂时常与大黄、黄柏合用（三者比例为2:5:3）
黄柏	用于防治细菌性肠炎、出血病	拌饵投喂：3～6g/kg体重，连用4～6天（海水鱼类相同）		投喂时常与大黄、黄芩合用（三者比例为3:5:2）
五倍子	用于防治细菌性烂鳃病、赤皮病、白皮病、出血病	全池泼洒：2～4mg/L（海水鱼类相同）		
穿心莲	用于防治细菌性肠炎、烂鳃病、赤皮病	全池泼洒：15～20mg/L（海水鱼类相同） 拌饵投喂：10～20g/kg体重，连用4～6天		

（续）

渔药名称	用途	用法与用量	休药期/天	注意事项
苦参	用于防治细菌性肠炎	全池泼洒：1.0～1.5mg/L 拌饵投喂：1～2g/kg 体重，连用4～6天		
土霉素	用于防治细菌性肠炎	拌饵投喂：50～80mg/kg 体重，连用4～6天（海水鱼类相同，虾类：50～80mg/kg 体重，连用5～10天）	≥30（鳗鲡）≥21（鲶鱼）	勿与铝、镁离子及卤素、碳酸氢钠、凝胶合用
噁喹酸	用于防治细菌性肠炎	拌饵投喂：10～30mg/kg 体重，连用5～7天（海水鱼类1～20mg/kg 体重；对虾：6～60mg/kg 体重，连用5天）	≥25（鳗鲡）≥21（鲶鱼）≥30（黄鳝）≥16（其他鱼类）	用药量视不同的疾病有所增减
磺胺嘧啶（磺胺哒嗪）	用于防治细菌性肠炎、烂鳃病、皮炎病	拌饵投喂：100mg/kg 体重连用5天（海水鱼类相同）		1. 与甲氧苄啶（TMP）同用，可产生增效作用 2. 第一天药量加倍
磺胺甲噁唑（新诺明、新明磺）	用于治疗鲤科鱼类的肠炎病	拌饵投喂：100mg/kg 体重连用5～7天		1. 不能与酸性药物同用 2. 与甲氧苄啶（TMP）同用，可产生增效作用 3. 第一天药量加倍

附录

（续）

渔药名称	用途	用法与用量	休药期/天	注意事项
磺胺间甲氧嘧啶（制菌磺、磺胺-6-甲氧嘧啶）	用于治疗鲤科鱼类的竖鳞病、赤皮病及弧菌病	拌饵投喂： 50~100mg/kg体重，连用4~6天	≥37（鳗鲡）	1. 与甲氧苄啶（TMP）同用，可生产增效作用 2. 第一天药量加倍
氟苯尼考	用于治疗鳗鲡爱德华氏病、赤鳍病	拌饵投喂： 10.0mg/kg体重，连用4~6天	≥7（鳗鲡）	
聚维酮碘（聚乙烯吡咯烷酮碘、皮维碘、PVP-1，伏碘）（有效碘1.0%）	用于防治细菌烂鳃病、弧菌病、鳗鲡红头病。并可用于预防病毒病、传染性胰腺坏死病、传染性造血组织坏死病、病毒性出血败血症	全池泼洒： （海、淡水幼鱼、幼虾：0.2~0.5mg/L，海、淡水成鱼、成虾： 1~2mg/L， 鳗鲡： 2~4mg/L） 浸浴： 草鱼种： 30mg/L，15~20min 鱼卵： 30~50mg/L （海水鱼卵25~30mg/L），5~15min		1. 勿与金属物品接触 2. 勿与季铵盐类消毒剂直接混合使用

注：1. 用法与用量栏未标明海水鱼类与虾类的均适用于淡水鱼类。
2. 休药期为强制性。

三 禁用渔药

严禁使用高毒、高残留或具有三致毒性（致癌、致畸、致突变）的渔药。严禁使用对水域环境有严重破坏而又难以修复的渔药，严禁直接向养殖水域泼洒抗生素，严禁将新近开发的人用新药作为渔药的主要或将在成分。禁用渔药见附表A-2。

附表 A-2 禁用渔药

药物名称	化学名称（组成）	别　名
地虫硫磷	0－2基－苯基二硫化磷酸乙酯	大风雷
六六六	1，2，3，4，5，6－六氯环己烷	
林丹	V－1，2，3，4，5，6－六氯环己烷	丙体六六六
毒杀芬	八氯莰烯	氯化莰烯
滴滴涕	2，2－双（对氯苯基）－1，1，1－三氯乙烷	
甘汞	二氢化汞	
硝酸亚汞	硝酸亚汞	
醋酸汞	醋酸汞	
呋喃丹	2，3－氢－2，2－二甲基－7苯并呋喃－甲基氨基甲酸酯	克百威、大扶农
杀虫脒	N-（2－甲基－4－氢苯基－7－苯并呋喃－甲基氨基甲酸酯）	克死螨
双甲脒	1，5－双－（2，4－二甲基苯基）－3－四基1，3，5－三氮戊二烯－1，4	二甲苯胺脒
氟氯氰菊酯	（R，S）－a－氰基－3－苯氧苄基－（R，S）－2－（4－二氟甲氧基）－3－甲基丁酸酯	三氟氰菊酯
五氯酚钠	五氯酚钠	
孔雀石绿	$C_{23}H_{24}CIN_2$	碱性绿、盐基块绿、孔雀绿
锥虫胂胺		
酒石酸锑钾	酒石酸锑钾	
磺胺噻唑	2－（对氨基苯磺酰胺）噻唑	消治龙
磺胺脒	N_1－脒基磺胺	磺胺胍
呋喃西林	5－硝基呋喃醛缩氨基脲	呋喃新

（续）

药物名称	化学名称（组成）	别名
呋喃唑酮	3-（5-硝基糠叉氨基）-2-噁唑熔酮	痢特灵
呋喃那斯	6-羟甲基-2-1-5-硝基-2-呋喃基乙烯基吡啶	P-7138（实验名）
氯霉素（包括其盐、酯及制剂）	由委内瑞拉链霉素生产或合成法制成	
红霉素	属微生物合成，是 Streptomyces eyythreus 生产的抗生素	
杆菌肽锌	由枯草杆菌 bacillussultilis 或 B. leicheniformis 所生产的抗生素，为一含有噻唑环的多肽化合物	枯草菌肽
泰乐菌素	S. fradiea 所生产的抗生素	
环丙沙星	为合成的第三代喹诺酮类抗菌药，常用盐酸水合物	环丙氟哌酸
阿伏帕星		阿伏霉素
喹乙醇	喹乙醇	喹酰胺羟乙喹氧
速达肥	5-苯硫基-2-苯并咪唑	苯硫哒唑氨甲基甲酯
己烯雌酚（包括雌二醇等其他类似合成等雌性激素）	人工合成的非甾体雌激素	乙烯雌酚、人造求偶素
甲基睾丸酮（包括丙酸睾素、去氢甲睾酮以及同化物等雄性激素）	睾丸素 C17 的甲基衍生物	甲睾酮甲基睾酮

附录B 水产养殖质量安全管理规定

中华人民共和国农业部令2003年第31号（于2003年7月14日经农业部第18次常务会议审议通过，自2003年9月1日起实施）

第一章 总 则

第一条 为提高养殖水产品质量安全水平，保护渔业生态环境，促进水产养殖业的健康发展，根据《中华人民共和国渔业法》等法律、行政法规，制定本规定。

第二条 在中华人民共和国境内从事水产养殖的单位和个人，应当遵守本规定。

第三条 农业部主管全国水产养殖质量安全管理工作。

县级以上地方各级人民政府渔业行政主管部门主管本行政区域内水产养殖质量安全管理工作。

第四条 国家鼓励水产养殖单位和个人发展健康养殖，减少水产养殖病害发生；控制养殖用药，保证养殖水产品质量安全；推广生态养殖，保护养殖环境。

国家鼓励水产养殖单位和个人依照有关规定申请无公害农产品认证。

第二章 养殖用水

第五条 水产养殖用水应当符合农业部《无公害食品　海水养殖用水水质》（NY 5052—2001）或《无公害食品　淡水养殖用水水质》（NY 5051—2001）等标准，禁止将不符合水质标准的水源用于水产养殖。

第六条 水产养殖单位和个人应当定期监测养殖用水水质。

养殖用水水源受到污染时，应当立即停止使用；确需使用的，应当经过净化处理达到养殖用水水质标准。

养殖水体水质不符合养殖用水水质标准时，应当立即采取措

施进行处理。经处理后仍达不到要求的，应当停止养殖活动，并向当地渔业行政主管部门报告，其养殖水产品按本规定第十三条处理。

第七条　养殖场或池塘的进排水系统应当分开。水产养殖废水排放应当达到国家规定的排放标准。

第三章　养 殖 生 产

第八条　县级以上地方各级人民政府渔业行政主管部门应当根据水产养殖规划要求，合理确定用于水产养殖的水域和滩涂，同时根据水域滩涂环境状况划分养殖功能区，合理安排养殖生产布局，科学确定养殖规模、养殖方式。

第九条　使用水域、滩涂从事水产养殖的单位和个人应当按有关规定申领养殖证，并按核准的区域、规模从事养殖生产。

第十条　水产养殖生产应当符合国家有关养殖技术规范操作要求。水产养殖单位和个人应当配置与养殖水体和生产能力相适应的水处理设施和相应的水质、水生生物检测等基础性仪器设备。

水产养殖使用的苗种应当符合国家或地方质量标准。

第十一条　水产养殖专业技术人员应当逐步按国家有关就业准入要求，经过职业技能培训并获得职业资格证书后，方能上岗。

第十二条　水产养殖单位和个人应当填写《水产养殖生产记录》，记载养殖种类、苗种来源及生长情况、饲料来源及投喂情况、水质变化等内容。《水产养殖生产记录》应当保存至该批水产品全部销售后 2 年以上。

第十三条　销售的养殖水产品应当符合国家或地方的有关标准。不符合标准的产品应当进行净化处理，净化处理后仍不符合标准的产品禁止销售。

第十四条　水产养殖单位销售自养水产品应当附具《产品标签》，注明单位名称、地址，产品种类、规格，出池日期等。

第四章　渔用饲料和水产养殖用药

第十五条　使用渔用饲料应当符合《饲料和饲料添加剂管理条例》和农业部《无公害食品　渔用饲料安全限量》（NY 5072—2002）。鼓励使用配合饲料。限制直接投喂冰鲜（冻）饵料，防止残饵污染水质。

禁止使用无产品质量标准、无质量检验合格证、无生产许可证和产品批准文号的饲料、饲料添加剂。禁止使用变质和过期饲料。

第十六条　使用水产养殖用药应当符合《兽药管理条例》和农业部《无公害食品　渔药使用准则》（NY 5071—2002）。使用药物的养殖水产品在休药期内不得用于人类食品消费。

禁止使用假、劣兽药及农业部规定禁止使用的药品、其他化合物和生物制剂。原料药不得直接用于水产养殖。

第十七条　水产养殖单位和个人应当按照水产养殖用药使用说明书的要求或在水生生物病害防治员的指导下科学用药。

水生生物病害防治员应当按照有关就业准入的要求，经过职业技能培训并获得职业资格证书后，方能上岗。

第十八条　水产养殖单位和个人应当填写《水产养殖用药记录》，记载病害发生情况，主要症状，用药名称、时间、用量等内容。《水产养殖用药记录》应当保存至该批水产品全部销售后2年以上。

第十九条　各级渔业行政主管部门和技术推广机构应当加强水产养殖用药安全使用的宣传、培训和技术指导工作。

第二十条　农业部负责制定全国养殖水产品药物残留监控计划，并组织实施。

县级以上地方各级人民政府渔业行政主管部门负责本行政区域内养殖水产品药物残留的监控工作。

第二十一条　水产养殖单位和个人应当接受县级以上人民政府渔业行政主管部门组织的养殖水产品药物残留抽样检测。

第五章　附　　则

第二十二条　本规定用语定义：

健康养殖　指通过采用投放无疫病苗种、投喂全价饲料及人为控制养殖环境条件等技术措施，使养殖生物保持最适宜生长和发育的状态，实现减少养殖病害发生、提高产品质量的一种养殖方式。

生态养殖　指根据不同养殖生物间的共生互补原理，利用自然界物质循环系统，在一定的养殖空间和区域内，通过相应的技术和管理措施，使不同生物在同一环境中共同生长，实现保持生态平衡、提高养殖效益的一种养殖方式。

第二十三条　违反本规定的，依照《中华人民共和国渔业法》、《兽药管理条例》和《饲料和饲料添加剂管理条例》等法律法规进行处罚。

第二十四条　本规定由农业部负责解释。

第二十五条　本规定自2003年9月1日起施行。

附录C　无公害食品 淡水养殖用水水质标准

附表C-1　淡水养殖用水水质要求

序号	项　目	标　准　值
1	色、臭、味	不得使养殖水体带有异色、异臭、异味
2	总大肠菌群含量/（个/L）	≤5 000
3	汞含量/（mg/L）	≤0.0005
4	镉含量/（mg/L）	≤0.005
5	铅含量/（mg/L）	≤0.05
6	铬含量/（mg/L）	≤0.1
7	铜含量/（mg/L）	≤0.01
8	锌含量/（mg/L）	≤0.1
9	砷含量/（mg/L）	≤0.05

（续）

序号	项　　目	标　准　值
10	氟化物含量/（mg/L）	≤1
11	石油类含量/（mg/L）	≤0.05
12	挥发性酚含量/（mg/L）	≤0.005
13	甲基对硫磷含量/（mg/L）	≤0.0005
14	马拉硫磷含量/（mg/L）	≤0.005
15	乐果含量/（mg/L）	≤0.1
16	六六六（丙体）含量/（mg/L）	≤0.002
17	滴滴涕（DDT）含量/（mg/L）	0.001

附表 C-2　淡水养殖用水水质测定方法

序号	项目	测 定 方 法		测试方法标准编号	检测下限/(mg/L)
1	色、臭、味	感官法		GB/T 5750	—
2	总大肠菌群	（1）多管发酵法		GB/T 5750	—
		（2）滤膜法			
3	汞	（1）原子荧光光度法		GB/T 8538	0.00005
		（2）冷原子吸收分光光度法		GB/T 7468	0.00005
		（3）高锰酸钾-过硫酸钾消解双硫腙分光光度		GB/T 7469	0.002
4	镉	（1）原子吸收分光光度法		GB/T 7475	0.001
		（2）双硫腙分光光度法		GB/T 7471	0.001
5	铅	（1）原子吸收分光光度法	螯合萃取法	GB/T 7475	0.01
			直接法		0.2
		（2）双硫腙分光光度法		GB/T 7470	0.01
6	铬	二苯碳酰二肼分光光度法（高锰酸盐氧化法）		GB/T 7466	0.004

（续）

序号	项目	测定方法	测试方法标准编号	检测下限/(mg/L)
7	砷	（1）原子荧光光度法	GB/T 8538	0.00004
		（2）二乙基二硫代氨基甲酸银分光光度法	GB/T 7485	0.007
8	铜	（1）原子吸收分光光度法 螯合萃取法	GB/T 7475	0.001
		（1）原子吸收分光光度法 直接法		0.05
		（2）二乙基二硫代氨基甲酸钠分光光度法	GB/T 7474	0.010
		（3）2，9-二甲基-1，10-菲啰啉分光光度法	GB/T 7473	0.06
9	锌	（1）原子吸收分光光度法	GB/T 7475	0.05
		（2）双硫腙分光光度法	GB/T 7472	0.005
10	氧化物	（1）茜素磺酸锆目视比色法	GB/T 7482	0.05
		（2）氟试剂分光光度法	GB/T 7483	0.05
		（3）离子选择电极法	GB/T 7484	0.05
11	石油类	（1）红外分光光度法	GB/T 16488	0.01
		（2）非分散红外光度法		0.02
		（3）紫外分光光度法	《水和废水监测分析方法》（国家环保局）	0.05
12	挥发酚	（1）蒸馏后4-氨基安替比林分光光度法	GB/T 7490	0.002
		（2）蒸馏后溴化容量法	GB/T 7491	—
13	甲基对硫磷	气相色谱法	GB/T 13192	0.000 42
14	马拉硫磷	气相色谱法	GB/T 13192	0.000 64
15	乐果	气相色谱法	GB/T 13192	0.000 57
16	六六六	气相色谱法	GB/T 7492	0.000004
17	DDT	气相色谱法	GB/T 7492	0.000 2

注：对同一项目有两个或两个以上测定方法的，当对测定结果有异议时，方法（1）为仲裁测定方法。

附录 D　常见计量单位名称与符号对照表

量的名称	单位名称	单位符号
长度	千米	km
	米	m
	厘米	cm
	毫米	mm
面积	平方千米（平方公里）	km^2
	平方米	m^2
体积	立方米	m^3
	升	L
	毫升	mL
质量	吨	t
	千克（公斤）	kg
	克	g
	毫克	mg
物质的量	摩尔	mol
时间	小时	h
	分	min
	秒	s
温度	摄氏度	℃
平面角	度	(°)
能量，热量	兆焦	MJ
	千焦	kJ
	焦[耳]	J
功率	瓦[特]	W
	千瓦[特]	kW
电压	伏[特]	V
压力，压强	帕[斯卡]	Pa
电流	安[培]	A

附录

参考文献

[1] 赵子明．池塘养鱼［M］.2 版．北京：中国农业出版社，2007.

[2] 舒新亚．淡水小龙虾健康养殖技术［M］．北京：化学工业出版社，2008.

[3] 刘焕亮，黄樟翰．中国水产养殖学［M］．北京：科学出版社，2008.

[4] 杨先乐．水产养殖用药处方大全［M］．北京：化学工业出版社，2008.

[5] 邹叶茂，张崇秀，汤亚斌．无公害水产养殖［M］．北京：中国社会出版社，2009.

[6] 汤亚斌，周承魁，邹叶茂，等．无公害小龙虾养殖技术［M］．武汉：崇文书局，2009.

[7] 邹叶茂，常顺，李月英，等．名特种水产动物养殖技术［M］．北京：中国农业出版社，2013.

[8] 舒新亚，龚珞军，陶忠虎，等．人工诱导克氏原螯虾同步产卵试验［J］．淡水渔业，2006，35（5）：45-47.

[9] 陆剑锋，赖年悦，成永旭．淡水小龙虾资源的综合利用及其开发价值［J］．农产品加工，2006（10）：47-52.

[10] 王金胜．蟹池套养淡水小龙虾养殖技术［J］．渔业致富指南，2007（11）：40.

[11] 周日东，殷秋所，刘炘．河蟹池套养小龙虾体会［J］．水产养殖，2009（7）：38.

[12] 刘俊．淡小龙虾与夏花鱼种混养试验［J］．科学养鱼，2009（7）：36-37.

[13] 陶忠虎，胡德风，周浠．莲虾共生高效模式及生产技术要点［J］．中国水产，2012（2）：77-78.

[14] 陶忠虎，周浠，周多勇，等．虾稻共生生态高效模式及技

术［J］．中国水产，2013（7）：68－70.
［15］杜业金，陶忠虎，等．普通中稻田和低湖冷浸田养殖克氏原螯虾试验［J］．渔业致富指南，2007（7）：35－36.

高效养小龙虾你问我答	ISBN：9787111551140 定价：20.00 元	鱼病快速诊断与防治技术	ISBN：9787111449683 定价：19.80 元
高效养淡水鱼	ISBN:9787111512851 定价：25.00 元	高效池塘养鱼	ISBN：9787111510529 定价：25.00 元
高效养龟鳖	ISBN:9787111467182 定价：19.80 元	高效养蟹	ISBN:9787111480921 定价：22.80 元
高效养泥鳅	ISBN:9787111454625 定价：16.80 元	高效养黄鳝	ISBN:9787111434481 定价：16.80 元